U0387923

收藏编码: 3056

Observing
flowers
An interesting
atlas of
plant anatomy

如何观察身边的花

有 趣 的 植 物 解 剖 图 鉴

青花鱼 著

 化学工业出版社
·北京·

内容简介

本书是一本有趣的植物解剖图鉴，收录了我们身边常见的104种开花植物，涉及近100个属。书中所有植物按四季进行分类，每个季节中的植物又按花的颜色进行了分类，既呈现出一种秩序之美，又方便检索。每种植物均配有细致的解剖图，作者根据自己的专业知识和从事自然教育工作的经验，有意识地把控解剖图的细致程度，确保既不会让读者觉得太过晦涩难懂，又能带大家深入地了解不同花的结构。书中配图采用微距摄影进行放大，结合焦点堆栈技术，使肉眼难以分辨的小花的各个细节也能纤毫毕现，让读者借助微观的视角重新认识身边植物的构造和肌理，感受大自然造物的神奇。书中每种植物还配有简单有趣的文字讲解和通俗易懂的识别要点标注，帮助读者更好地了解、识别这些植物。

图书在版编目 (CIP) 数据

如何观察身边的花：有趣的植物解剖图鉴 / 青花鱼
著 . 一北京：化学工业出版社，2024.4（2025.3 重印）
ISBN 978-7-122-45084-5

Ⅰ. ①如… Ⅱ. ①青… Ⅲ. ①植物解剖学－图集
Ⅳ . ① Q944.5-64

中国国家版本馆 CIP 数据核字 (2024) 第 033731 号

责任编辑：孙晓梅
责任校对：边　涛
装帧设计：溢思视觉设计／姚艺

出版发行：化学工业出版社
　　　　　（北京市东城区青年湖南街 13 号　邮政编码 100011）
印　　装：北京宝隆世纪印刷有限公司
710mm×1000mm　1/16　印张 14$\frac{1}{4}$　字数 246 千字
2025 年 3 月北京第 1 版第 2 次印刷

购书咨询：010-64518888　　售后服务：010-64518899
网　　址：http://www.cip.com.cn
凡购买本书，如有缺损质量问题，本社销售中心负责调换。

定　　价：128.00 元

序

春夏秋冬，各有其花；其花之美，在于细微。

春风袭来，大地复苏，早早俏立在枝头的玉兰，花大如荷，素白高洁，你可曾注意过它花心中藏着小毛刷子般螺旋排列着的柱头？

草长莺飞，绿意盎然，静静伴立在阶边的天葵，纤茎婀娜，娇羞颔首，你可曾看到它花瓣上微凹的蜜腺是如何等待着蜂蝶的造访？

一夜细雨，清晨斜风，草丛中坠落的白花泡桐，湿湿漉漉，星星点点，你可曾捡起一朵听听它如唇的花瓣是如何倾诉昨夜的风雨？

晴空万里，阳光明媚，墙边攀枝而上的三角梅，姹紫嫣红，热情奔放，你可知道那绚丽的三角形花瓣其实是引你驻足的叶片的化身？

来吧，低头或抬头，采一枝，剖一朵，闻一闻，嗅一嗅，看看身边的花朵都藏着怎样的神奇吧！

或者翻开此书，跟随作者，在一幅幅精美的解剖图中发现那些司空见惯的花草的美丽容颜吧！

美无处不在，只是需要我们去发现。

美丽的事物，总是能够治愈人心的。

此书以春夏秋冬为时间线，对我们身边常见的100多种开花植物进行了精细解剖，以精美的排版，令人不易察觉的细节，淋漓尽致地展现了各种花朵隐藏着的美。当你沉浸在这美丽的书中时，能否感受到作者的刻苦、坚持和欣喜？

我很荣幸，与作者曾有过亦师亦友的情谊；我很欣慰，作者无数个日夜的奋斗终于绽放出了美丽的花朵；我也很愿意，将这部美丽的书推荐给读者朋友们。

愿所有看到此书的人，与美相伴，向美而行！

是为序！

李波

中国科学院西双版纳热带植物园

2024.02.26

前言

我曾经是对四季变换很迟钝的人，但在对植物进行了连续一年多的观察和收集之后，我慢慢感受到了文学作品里对于春夏秋冬的赞美和感悟是多么深刻。草木的兴衰、四季的更迭，随着一种种花朵被拍摄而留在了纸上，我好像用魔法凝固了时间，封存了它们的美。

在初秋开始这本书的拍摄实在是个好时机，这个时节开放的花不多，我有时间探索精进拍摄和后期的技术，仔细地思考到底怎么解剖、解剖到什么地步，既不会让读者觉得太过晦涩难懂，又能带大家深入地了解不同花的结构。

而整个冬天，我都在期盼春天，但我不知道春天的生命力是这样爆发式的，百花盛开，眼花缭乱，真不是夸张。我几乎每天都到杭州的公园、西湖群山、植物园等地方去采集素材，拍摄好的素材根本来不及整理，又被下一种花吸引了眼球。

宋人周辉在《清波杂志》卷九写道："江南自初春至首夏有二十四番风信，梅花风最先，楝花风居后。"——当楝花开过之后，喧闹的花事突然便结束了。我在暮春时节想起这句话时，不由得感叹，古今花事皆如此。

在拍摄花朵的过程中，有许多的趣事。有一次我特别想拍摄鹅掌楸的花，但因为树太高了，够不着，我便在树下祈祷上天赐予我一朵鹅掌楸的花，结果我听见不远处有东西落下的声音，竟然真是一朵鹅掌楸，可这朵花被啃得破破烂烂，我抬头发现一只逃走的松鼠，原来是松鼠为了吃花蜜而将鹅掌楸摘下，"赐予"了我。

我记得和书中每一朵花的相遇，但是我们不能仅仅只是相遇。认识植物有许多不同的角度，可以去天南海北认识新物种，可以尽力辨别相似的花朵，也可以只对着一种花朵的形态结构深入地剖析。自然的广度让人心驰神往，但是它的深度也同样不该被忽略。

对于初学者来说，仔细观察一朵花可能会颠覆很多旧的认知。我想要为读者呈现的，是一种观察花朵的方法。花朵不仅色彩斑斓，更拥有奇特的构造，蕴藏着自然的智慧。而观察花朵并不需要到多么遥远的地方去看奇花异草，我们身边的一草一木，都可以成为我们观察的对象。通过解剖并且拍摄它们，给读者呈现另一种视角来看待花朵，会不会也改变大家看待自然的方式呢？我是怀着这样的心情创作了这本书。

约翰·缪尔在《夏日走过山间》中写道："和许多对人类没有明显用处的事物一样，它们不讨喜，人们总爱没完没了地质疑：'上帝为什么要创造它？'却不明白，它们可以只为自己而生。"

有很长一段时间，我都很迷茫，却没有想过，原来真的存在全身心追梦的日子。对我来说，植物一直都是给予我勇气和力量的存在，是让我觉得这个世界被点亮、就此闪耀得令我移不开眼睛的存在。我希望能把自然传递给我的情感传递给更多的人。我没有了不起的经历，也没有渊博的知识，只希望安安静静地做的这些事情，有一点点回应就好。

本书中的植物按照被子植物分类系统进行分类，基础知识卡片大都参考《中国植物志》。全书按照季节分为春之花、夏之花、秋之花、冬之花四个篇章，在每个季节里再按照花朵颜色分类，同颜色的花朵再按花期早晚排列，方便读者感知花的出场时间和检索对应的花。

最后，我要感谢所有在创作过程中给予我帮助的家人和朋友，感谢我的朋友孙梦凡、丁雨淏陪我到野外拍摄。特别感谢我的老师李波先生，没有李波老师的指导，也不会有这本书。

走吧，你决意和我一起穿越这片荆棘丛生的荒原了吗？就凭这份温柔和坚定，自然也将赠予你一顶花冠。

青花鱼

目录

七里飘香
海桐
030—031

香若幽兰
白兰
032—033

寻香空绕百千回
九里香
034—035

金满箱　银满箱
金银忍冬
036—037

绿叶素荣
酸橙
038—039

十万分之一的幸运
白车轴草
040—041

在野有光辉
野蔷薇
042—043

提灯而来
少花龙葵
044—045

暗藏杀机的浪漫
白花夹竹桃
046—047

金玉满堂　馥郁芳香
金叶女贞
048—049

借得春水三分绿
浙贝母
050—051

重重绿浪
樟
052—053

早春的"星之瞳"
阿拉伯婆婆纳
054—055

清极不知寒
梅
056—057

醉颜春睡
垂丝海棠
058—059

灼灼其华
桃
060—061

采薇采薇
救荒野豌豆
062—063

灿若云霞
锦绣杜鹃
064—065

结此千千结
结香
066—067

恋影之花
黄水仙
068—069

自有嫣然态
乐昌含笑
070—071

肉乎乎的猫爪垫
猫爪草
072—073

被谣言耽误的红果
蛇莓
074—075

无法停留
蒲公英
076—077

惟此花色殊
棣棠
078—079

满枝无鸟雀
云实
080—081

御赐黄马褂
杂交鹅掌楸
082—083

处处可见却似不见
黄鹌菜
084—085

凌晨未眠
日本海棠
086—087

如烟火般绚丽
红花檵木
088—089

一身秋色
鸡爪槭
090—091

毒果似八角
红毒茴
092—093

烟斗与炸弹
刻叶紫堇
094—095

躲在秋与春之间
诸葛菜
096—097

碎紫点满枝
紫荆
098—099

让蓝紫色蔓延
蔓长春花
100—101

酸味的幸运草
红花酢浆草
102—103

累累缀璎珞
多花紫藤
104—105

藤若巨蟒　花若雀鸟
油麻藤
106—107

翘尾巴的雀鸟
还亮草
108—109

一年春事尽
楝
110—111

贰 C

夏之花

Summer Flower

馨香四溢
栀子
114—115

荒野烛台
青葙
116—117

树木消防员
木荷
118—119

软糯可人
大花糯米条
120—121

踏月披纱　冰肌玉骨
昙花
122—123

位比三公
槐
124—125

冷香阵阵
姜花
126—127

青蓝色雪落
蓝花丹
128—129

花开无尽予清凉
绣球
130—131

散垂如丝　夜合一树
合欢
132—133

只开半边
半边莲
134—135

月下见美人
美丽月见草
136—137

一一水中举
莲
138—139

摇曳的夏天
秋英
140—141

阳光热烈　花朵娇艳
大花马齿苋
142—143

"中国四大土球"之一
韭莲
144—145

独挂秋空　事事如意
柿
146—147

铺散花外　若金灿然
金丝桃
148—149

人间富贵枝头展
玉叶金花
150—151

榴花开欲燃
石榴
152—153

日光所烁　疑若焰生
朱槿
154—155

尼罗河的新娘
红睡莲
156—157

树上挂满红瓶刷
红千层
158—159

绿毯上的花与果
地毯
160—161

皱皱的舞裙
紫薇
162—163

名娇花不娇
紫娇花
164—165

一身紫气
紫竹梅
166—167

满是人间烟火
紫茉莉
168—169

蝶舞枝头
红花羊蹄甲
170—171

永恒与无望的爱
桔梗
172—173

朝昏看开落
木槿
174—175

叁○

秋之花

Autumn Flower

清冷之美
水鬼蕉
178—179

移舟过蓼岸
愉悦蓼
180—181

一年常占四时春
长春花
182—183

美人三醉　朝开暮落
木芙蓉
184—185

铅笔屑般的花朵
杂交石竹
186—187

记忆中的美味
菊芋
188—189

缤纷五色落人间

马缨丹

190—191

独占三秋压众芳

木樨

192—193

装点绿枝新巧

野迎春

194—195

花叶永不相见

石蒜

196—197

红蕉当美人

美人蕉

198—199

青烟蔓长条　缭绕几百尺

葛

200—201

肆〇

冬之花

Winter Flower

八方来财

八角金盘

204—205

早知岁一寒

茶梅

206—207

金蓓锁春寒

蜡梅

208—209

冬日里的五彩精灵

角堇

210—211

劳苦功高

阔叶十大功劳

212—213

大风起兮明黄生

大吴风草

214—215

如何观察身边的花：有趣的植物解剖图鉴

春之花

Spring Flower

从我趴在地上观察春天的第一朵老鸦瓣开始，春天恢宏的乐章便奏响了。我知道玉兰落尽之后，还会有阿拉伯婆婆纳在草间开放，野花们明争暗抢，要赶在蔷薇科植物之前开花。接着，梅、桃、樱、李，你方唱罢我登场，漫长而悠扬的曲调从没停歇，是楝花的掉落按下了春天最后一个音符。

植物的存在是如此普遍，以至于我们常常对其视若无睹。然而，一个人必定曾为一朵花驻足停留过，即便这个人并不知道这朵花的名字。

我在拍摄路边的一大片垂丝海棠时，身边渐渐聚集了许多人，有环卫工人，有退休的阿姨，还有推着婴儿车的夫妇，他们都为这满树繁花而驻足赞叹。当时的场景让我的脑海中浮现出著名散文家张晓风女士写的一句话："我们都是花下过客，都为一树华美芳郁而震慑而俯首，'风雨并肩处，曾是今春看花人。'"也许有一些缘分，是我们看了同一场繁花。

但是，要探究自然的奥秘，我们不能止步于驻足欣赏花朵的繁多美丽，或者只辨认植物和识记名字。"眼见未必为实"——观察不是随意的事情，花朵自然是会耍"花"招的。鸡肠繁缕的花朵是十片花瓣吗？浙贝母的花药是同时成熟的吗？天葵的花萼在哪里？春天固然精彩纷呈，可若是走马观花，会忽略许多藏在花朵深处的趣事。

春天的前奏

等一朵老鸦瓣的花开放是迎接春天的仪式感。老鸦瓣最初被划分在郁金香属，曾被称作"中国本土郁金香"。它的植株几乎是贴着地面生长的，所以观察老鸦瓣必须放低身姿。花只有在阳光热烈时才会完全打开，有6片尖细的花被片*。老鸦瓣的寿命很短，还没等春天结束，地上部分便会枯死，留下土里的鳞茎，难觅踪迹。

* 当萼片和花瓣长得很像而无法分辨时，我们将萼片和花瓣合称花被片。

老鸦瓣

山慈菇 / 光慈姑

Amana edulis

百合科老鸦瓣属

多年生草本

花期：2~4 月

株高：10~20cm

常见地：山坡、草地和路旁

花被片背面有紫红
色条纹

外轮花被片条纹
比内轮多

花朵解剖图

花被片 6 片，正面白
色，基部呈绿色

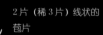

2 片（稀 3 片）线状的
苞片

2 片窄带状的叶片

独头蒜状的鳞茎

雄蕊：花粉的成熟
时间不同，可以延
长传粉时间

雌蕊：子房后面会
膨大成一个鸟头状
的蒴果

鹅肠繁缕 / 赛繁缕

鸡肠繁缕

Stellaria neglecta

石竹科繁缕属

一至二年生草本

花期：3~6 月

株高：30~80cm

常见地：树林、田边和草地

茎蔓甚繁中有一缕

有"假十瓣"的特征，
实际上是 5 片花瓣，
花瓣深裂，基部相连

花朵解剖图

雄蕊　　　花柱 3　　　萼片背面有细小的毛　　　花序生于茎叶的顶端

鸡肠繁缕是一种常见的野花，它的繁殖能力很强，茎蔓繁多，铺地生长；茎折断后仍有鸡肠状的一缕相连，因而得名。花纯白色，有5片花瓣，深裂至基部，看起来像是10片花瓣。适应性极强，遍布世界各地的田野，多到让人无法珍视的地步，人们常将其割去喂禽类。繁缕属的几种植物外形非常相似，主要区别在于花柱和雄蕊的数量。鸡肠繁缕的雄蕊6（8）~10，花柱3。

鸡肠繁缕的雄蕊一般是8~10，偶尔为6

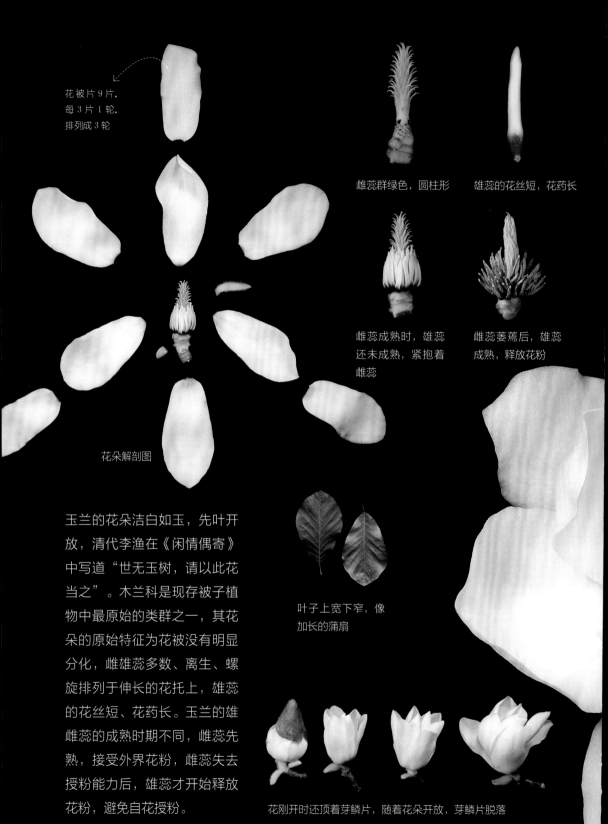

花被片 9 片，
每 3 片 1 轮，
排列成 3 轮

花朵解剖图

雌蕊群绿色，圆柱形

雄蕊的花丝短，花药长

雌蕊成熟时，雄蕊
还未成熟，紧抱着
雌蕊

雌蕊萎蔫后，雄蕊
成熟，释放花粉

玉兰的花朵洁白如玉，先叶开放，清代李渔在《闲情偶寄》中写道"世无玉树，请以此花当之"。木兰科是现存被子植物中最原始的类群之一，其花朵的原始特征为花被没有明显分化，雌雄蕊多数、离生、螺旋排列于伸长的花托上，雄蕊的花丝短、花药长。玉兰的雄雌蕊的成熟时期不同，雌蕊先熟，接受外界花粉，雌蕊失去授粉能力后，雄蕊才开始释放花粉，避免自花授粉。

叶子上宽下窄，像
加长的蒲扇

花刚开时还顶着芽鳞片，随着花朵开放，芽鳞片脱落

玉兰

白玉兰／玉堂春

Yulania denudata

木兰科玉兰属

落叶乔木

花期：3~5月

株高：可达25m

常见地：公园、路边、庭院

千千万蕊

尽放一时

最外面这层白色的"灯罩"
并不是花瓣，而是萼片，
中间淡黄色的"灯泡"才
是真正的花瓣

天葵

千年老鼠屎 / 夏无踪

Semiaquilegia adoxoides

毛茛科天葵属

多年生草本

花期：3~4 月

株高：10~30cm

常见地：山间和草地

叶子是一回三出复叶，正面有污渍般的白色斑点，叶背面
有时是紫色的

萼片

花瓣

雄蕊

花朵解剖图

随春天摇动

天葵低着头的样子，总是让人心生爱怜。开花时，像是草地上挂着许许多多的小白灯，整个植株细长柔嫩，随着微风摇动。在开花的同时，顶端就已经结出了许多绿色的蓇葖果。天葵也叫夏无踪，等到种子四散而去，地上部分就会枯死，只留地下部分越夏。

萼片外侧有淡紫色条纹

花到果的形态变化

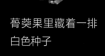

蓇葖果里藏着一排白色种子

天葵的黑色块根在中药里叫作天葵子，俗称千年老鼠屎

白鹃梅

茧子花 / 龙柏芽

Exochorda racemosa

蔷薇科白鹃梅属

灌木

花期：3~5 月

株高：3~5m

常见地：山林

白鹃梅盛花时也算开得热闹，绿叶衬雪，5片花瓣柔嫩似绢，却没有冷感，只是姿态淡然。它算是"名不见经传"，古时的典籍皆难见白鹃梅之名，一直到近代才拥有正式名字。也许因其花期正值择茧缫丝之时，白鹃梅在江浙一带俗称"茧子花"。中原地区至今还把白鹃梅叫作"龙柏芽"，《救荒本草》里记载，龙柏芽的嫩叶可以食用。

雄蕊一束束地贴在被丝托边缘，好像是长了一圈睫毛

这个浅钟状的结构叫作被丝托，由花被、花丝的基部和花托的延伸部分联合而成

白绢不御铅华

花瓣白色，倒卵形，
柔嫩似绢，形状似梅

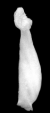

雌蕊的花柱离生

雄蕊

蒴果，有 5 条隆起
的脊，看上去像是
浅绿色五角星

叶片主叶脉明显，
叶柄短

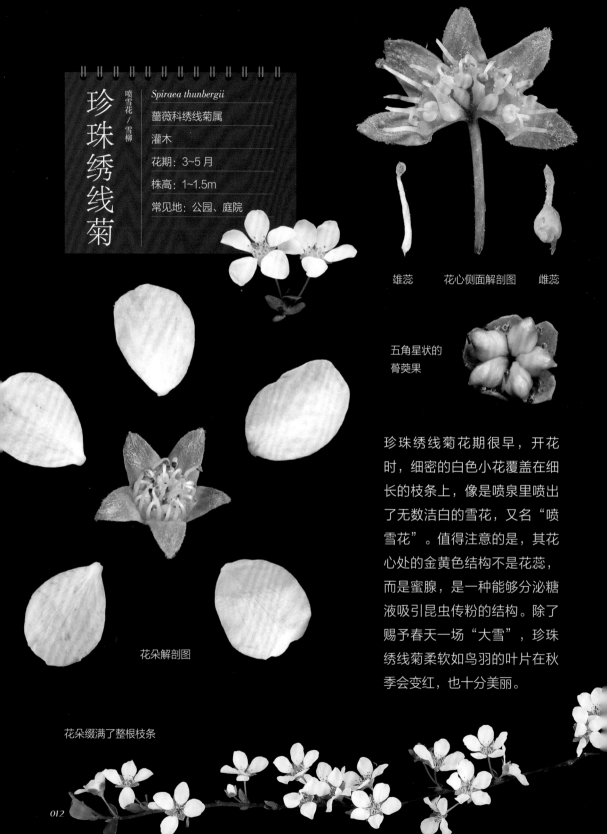

珍珠绣线菊

喷雪花／雪柳

Spiraea thunbergii

蔷薇科绣线菊属

灌木

花期：3~5月

株高：1~1.5m

常见地：公园、庭院

雄蕊　　花心侧面解剖图　　雌蕊

五角星状的
蓇葖果

珍珠绣线菊花期很早，开花时，细密的白色小花覆盖在细长的枝条上，像是喷泉里喷出了无数洁白的雪花，又名"喷雪花"。值得注意的是，其花心处的金黄色结构不是花蕊，而是蜜腺，是一种能够分泌糖液吸引昆虫传粉的结构。除了赐予春天一场"大雪"，珍珠绣线菊柔软如鸟羽的叶片在秋季会变红，也十分美丽。

花朵解剖图

花朵缀满了整根枝条

一片白雪盖枝头

柔软小巧的叶

花后结满果实的枝条

东京樱花

日本樱花／吉野樱

Prunus × yedoensis

蔷薇科李属

乔木

花期：3~4 月

株高：4~16m

常见地：公园、庭院

伞形总状花序，总梗
极短，总苞片褐色

花朵解剖图

东京樱花是由大岛樱和江户彼岸樱杂交而来，其中的著名品种"染井吉野"的名字源于它的原产地——日本的吉野山染井村。凭借优秀的适应性，这种樱花广泛栽培于世界各地，并赋予大多数人对樱花最初的浪漫印象。要辨别樱花与桃花、杏花等，可以看花瓣上是否有缺刻，以及树干上是否有短线般的小皮孔。远看时，东京樱花会有极淡的粉色，凋零时片片白花似雪飞落。

萼筒管状，雄蕊基
部与萼筒融合

雄蕊

花柱基部有
疏柔毛

每片花瓣尖
端都有缺刻

樱落风卷雪

花开放时，颜色由
粉逐渐变白

会结出樱桃般的果实　　叶边缘有尖锐重锯齿

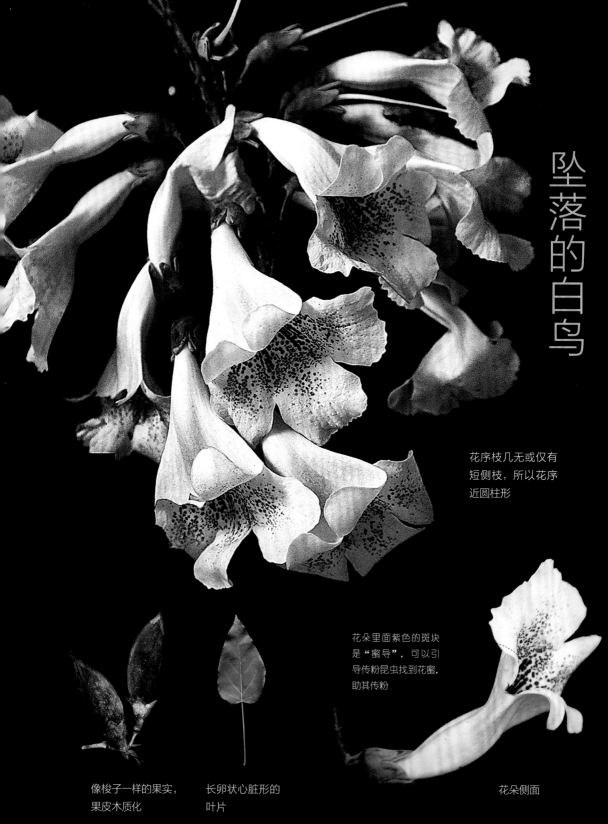

坠落的白鸟

花序枝几无或仅有短侧枝，所以花序近圆柱形

花朵里面紫色的斑块是"蜜导"，可以引导传粉昆虫找到花蜜，助其传粉

像梭子一样的果实，果皮木质化

长卵状心脏形的叶片

花朵侧面

泡桐/大果泡桐

白花泡桐

Paulownia fortunei

泡桐科泡桐属

乔木

花期：3~4 月

株高：可达 30m

常见地：道路旁和山林间

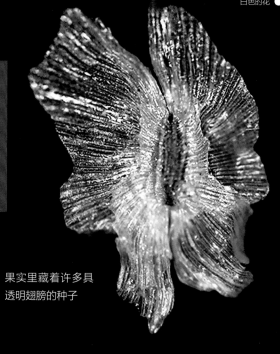

果实里藏着许多具
透明翅膀的种子

"季春之月，桐始华"，阴历三月，白
花泡桐开花，管状漏斗形的花冠口上部
向外翻，露出里面藏着的深紫色斑块。
一簇簇白色花朵像是一串串风铃，挂在
枝头，花落时若白鸟坠地。白花泡桐生
长速度快，6~8年即可成材。其木材轻
而韧，特别是导音性良好，是制作中国
民族乐器的良木。

花冠像漏斗

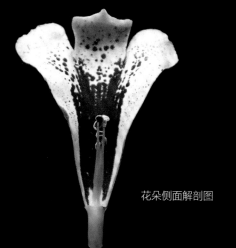

花朵侧面解剖图

四枚雄蕊；花药像
是半边蝴蝶翅膀

雄蕊

雌蕊

翩跹蝴蝶生

蝴蝶花

日本鸢尾 / 剑刀草

Iris japonica

鸢尾科鸢尾属

多年生草本

花期：3~4 月

株高：25~60cm

常见地：公园、庭院

外侧较大的 3 片为外花被裂片，有黄色的斑纹和蓝紫色的斑点

内侧较小的 3 片为内花被裂片，无花纹

蝴蝶花有着淡雅的花色，却因独特的花型而美得摄人心魄。待到芳菲四月，无数的花朵如同被春雨唤醒，悄悄地从边边角角盛开。蝴蝶花是中国南方常见的一种鸢尾，称其蝴蝶花，是用最朴素的方式夸赞了它的美。蝴蝶花的外花被裂片的中脉上有黄色鸡冠状附属物，是吸引昆虫的蜜导，而雄蕊藏在变成裂片的花柱下，昆虫顺着蜜导爬进花朵深处时，花粉便会粘在昆虫身上。

花朵解剖图

叶片剑形，先端渐尖，似鸢鸟的尾巴

雌蕊

果实

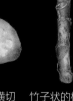

子房横切

竹子状的根状茎

雄蕊

花柱的 3 个分枝扁平，顶端裂片深裂成丝状

簕（lè）杜鹃、三角梅、叶子花分别是华南、华中和华北地区人们对它的称呼。最吸引人眼球的并不是花朵，而是由叶片进化而成的色彩艳丽的苞片。纸质苞片3片为一组，每片苞片上面长着一朵花，成三角形排列。苞片是一种变态叶，将叶变态发育成颜色鲜艳的苞片，同时可以保留很长时间，可以吸引昆虫前来授粉。

似花却非花

光叶子花

三角梅／簕杜鹃

Bougainvillea glabra

紫茉莉科叶子花属

藤状灌木

花期：3~7 月

常见地：公园、庭院

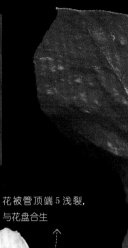

苞片叶状，上面还
可见同色的叶脉

花盘基部合生呈环状，
上部撕裂状

花被管顶端 5 浅裂，
与花盘合生

花正面

花背面

花被合生成管状

花朵长在苞片上，花
梗与苞片中脉贴生

枝叶无毛或疏生柔毛

叶片顶端急尖或渐尖

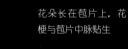

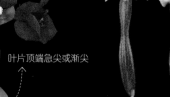

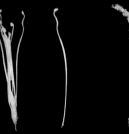

花被管有棱，外面
疏生柔毛，里面淡
绿色

花蕊

雄蕊

雌蕊：花柱边缘扩
展成薄片状

021

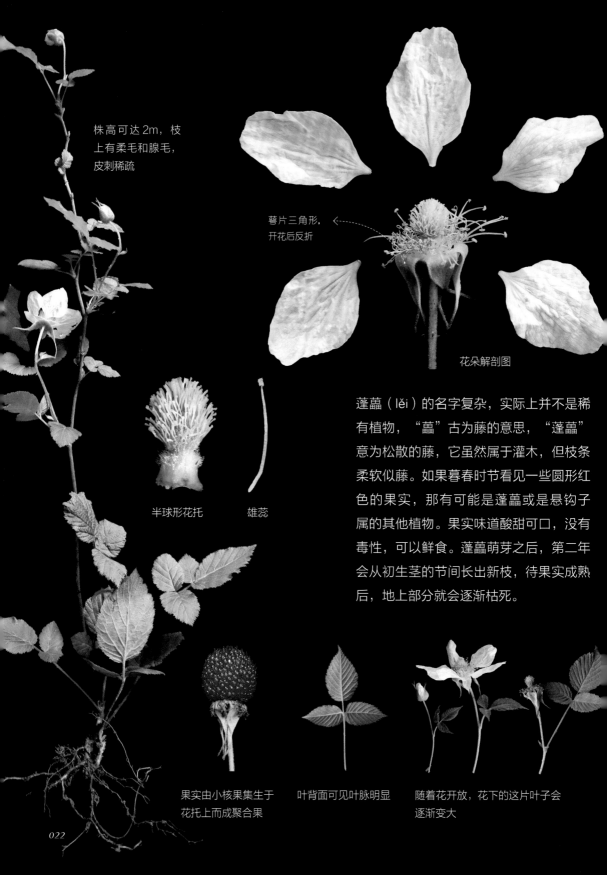

株高可达 2m，枝
上有柔毛和腺毛，
皮刺稀疏

萼片三角形，
开花后反折

花朵解剖图

半球形花托　　雄蕊

蓬蘽（lěi）的名字复杂，实际上并不是稀
有植物，"蘽"古为藤的意思，"蓬蘽"
意为松散的藤，它虽然属于灌木，但枝条
柔软似藤。如果暮春时节看见一些圆形红
色的果实，那有可能是蓬蘽或是悬钩子
属的其他植物。果实味道酸甜可口，没有
毒性，可以鲜食。蓬蘽萌芽之后，第二年
会从初生茎的节间长出新枝，待果实成熟
后，地上部分就会逐渐枯死。

果实由小核果集生于
花托上而成聚合果

叶背面可见叶脉明显

随着花开放，花下的这片叶子会
逐渐变大

只尝此果
不知其花

蓬蘽
蓬蘽／三月泡
Rubus hirsutus
蔷薇科悬钩子属
灌木
花期：4 月
果期：5~6 月
株高：1~2m
常见地：山坡路旁、灌丛内

花瓣像揉搓后展开
的白纸

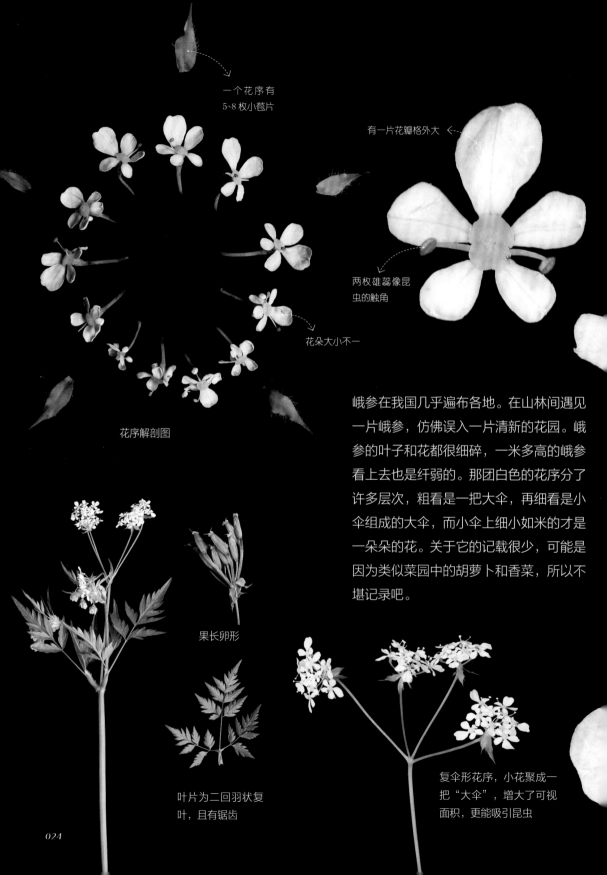

一个花序有
5~8枚小苞片

有一片花瓣格外大

两枚雄蕊像昆
虫的触角

花朵大小不一

花序解剖图

峨参在我国几乎遍布各地。在山林间遇见一片峨参，仿佛误入一片清新的花园。峨参的叶子和花都很细碎，一米多高的峨参看上去也是纤弱的。那团白色的花序分了许多层次，粗看是一把大伞，再细看是小伞组成的大伞，而小伞上细小如米的才是一朵朵的花。关于它的记载很少，可能是因为类似菜园中的胡萝卜和香菜，所以不堪记录吧。

果长卵形

叶片为二回羽状复
叶，且有锯齿

复伞形花序，小花聚成一
把"大伞"，增大了可视
面积，更能吸引昆虫

峨参

山胡萝卜缨子

Anthriscus sylvestris

伞形科峨参属

二年生或多年生草本

花期：4 月

株高：60~150cm

常见地：山坡林下和路旁

漫山遍野的诗

石楠 石楠柴

Photinia serratifolia

蔷薇科石楠属

常绿灌木或小乔木

花期：4~5 月

株高：4~6m

常见地：园林绿化带

生于枝条顶端的复伞
房花序

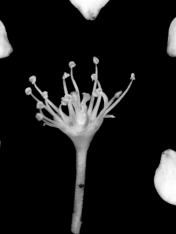

花朵解剖图

去掉花瓣后像触手
的雄蕊群

花柱基部合生，柱
头分成 2 ~ 3 个

革质、长椭圆形的叶

红色果实上的宿存
花萼为五角星形

每当石楠花开时，其腥臭的味道会把很多人带回一年一度的反胃的情绪中，却忽略了石楠花本身的样子。石楠的复伞房花序上缀满了精致小巧的花，五片圆滚滚的花瓣上缀着淡黄色的雄蕊，像一团被细细雕刻的雪。即使再讨厌它的味道，也耐不住石楠便宜好用，不仅春有白花、夏秋有浓荫、冬有红果，还可以降尘、吸附有毒气体，所以在全国各地的绿化带中占据着重要的地位。

臭气熏天

不负广陵春

琼花

蝴蝶木／聚八仙

Viburnum keteleeri

忍冬科荚蒾属

落叶或半常绿灌木

花期：4~5 月

株高：1~4m

常见地：山林间和公园

花序中央的可孕花

雄蕊高出花冠

雄蕊

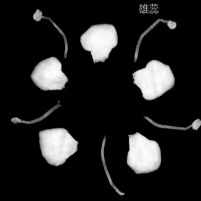

可孕花解剖图

"琼"为美玉，以琼为名，可见其天资灵秀。花序如同玉盘般，分为外圈的大型不孕花和中间的小型可孕花。不孕花只是用来扩大招蜂引蝶的面积，中间细小的花朵才具有孕育果实的能力。宋朝的扬州琼花极负盛名，名气甚至超过洛阳牡丹，但如今的琼花并非古琼花，实则是古时的聚八仙，真正的古琼花，在宋朝之后就已经灭绝了，为了纪念古琼花，聚八仙便被赋予了琼花的名字。

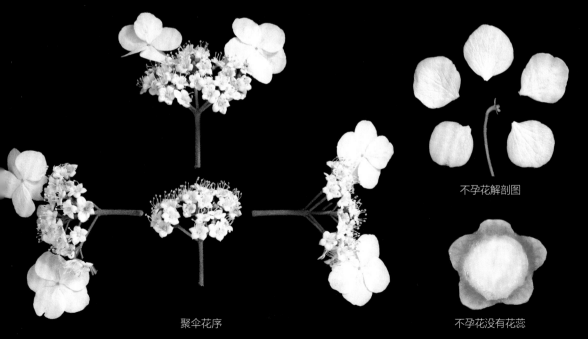

聚伞花序

不孕花解剖图

不孕花没有花蕊

七里飘香

海桐原产于我国南方滨海地区，有抗海潮的能力，在海边的山上比较常见。因为它四季常绿，花叶皆有较高的观赏价值，如今已成为南方常见的城市绿化植物。革质的叶片在枝顶聚生，伞形或伞房花序顶生，像手掌捧着一簇花朵。除了像白色的五角星，海桐花似乎没有什么特点，但是清爽带甜的味道，不辜负它"七里香"的别名。

海桐

宝珠香／七里香

Pittosporum tobira

海桐科海桐属

常绿灌木或小乔木

花期：3~5 月

株高：1~6m

常见地：园林绿化带

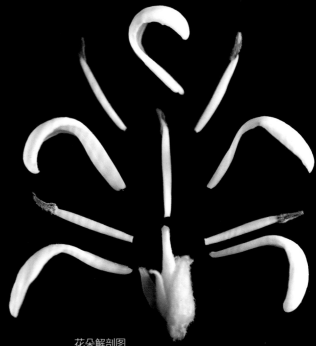

花朵解剖图

子房外有茸毛，切
开看像是一个装满
胚珠的花瓶

雄蕊

种子鲜红色，像是
包裹着一层糖浆，
显得十分诱人

蒴果球形，3 瓣裂

革质叶片光滑，顶
端微心形或凹入

海桐花会从白渐渐变黄

香若幽兰

不同开放程度的花
朵姿态

白兰
白缅花/缅桂花
Michelia × alba
木兰科含笑属
乔木
花期：4~9月
株高：可达17m
常见地：道路旁

初开的白兰花体态修长，花被片逐一打开，张扬得竟有些张牙舞爪了。白兰花非常香，有些城市的街上会有白兰花售卖，卖家用细线将几朵白兰花串起来，人们买了戴在胸前或手腕，成为了忙碌生活里的一点仪式感。白兰原产于印度尼西亚爪哇，不耐寒，在长江流域各省无法露地过冬，只能盆栽，而在华南地区则可长成高大的乔木，常作为行道树栽培。

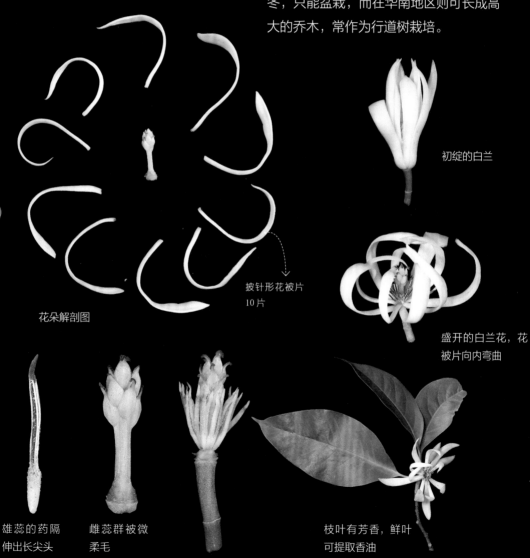

初绽的白兰

披针形花被片
10片

花朵解剖图

盛开的白兰花，花被片向内弯曲

雄蕊的药隔伸出长尖头

雌蕊群被微柔毛

枝叶有芳香，鲜叶可提取香油

寻香空绕百千回

雄蕊 10 枚，
长短不等

花朵解剖图

七里香／十里香／千里香

九里香

Murraya exotica

芸香科九里香属

小乔木

花期：4~8 月

株高：1~8m

常见地：公园、庭院

雌蕊　　雄蕊　　花朵
侧剖图

九里香的花气味芳香，因而它的别名都是围绕着"香"，但到底是香飘七里、九里、十里还是千里就无法考究了。它的香味是清远且令人安宁的，绿树间的白花给人一种视之即静的感觉。稍稍一碰白色花瓣和雄蕊便会掉落，只留下绿色的雌蕊孕育果实。果实橙黄至朱红色，也很有观赏价值。

奇数羽状复叶

花序通常顶生，多朵聚成伞状，为短缩的圆锥状聚伞花序

小叶倒卵形

金
满
箱

银
满
箱

金银木

金银忍冬

Lonicera maackii

忍冬科忍冬属

落叶灌木

花期：5~6月

果期：8~10月

株高：可达6m

常见地：公园、山间灌木丛

叶纸质，卵状披针形　　赤红色的果实

花冠初开时为白色，后变黄，因此能同时看见"金银"两种颜色。金银忍冬变色是为了让昆虫更好地授粉。金银忍冬和忍冬（金银花）的花冠很像，但金银忍冬是冠筒长约为唇瓣的1/2、结红色果实的灌木，而忍冬是冠筒稍长于唇瓣、结蓝黑色果实的藤本。相比于凛冬不凋的松柏，金银忍冬的叶子在冬季会落光，其名字之所以叫忍冬，是因为其老叶枯落时，叶腋间就已经萌发出新的绿叶，好像一直在忍受寒冬，蓄势待发。

像兔耳朵的花苞

小花侧看如鹭鸶鸟

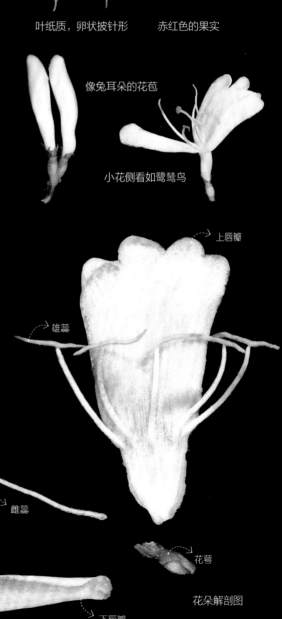

上唇瓣

雄蕊

雌蕊

花着生在叶腋处，常为两朵并列

花萼

花朵解剖图

下唇瓣

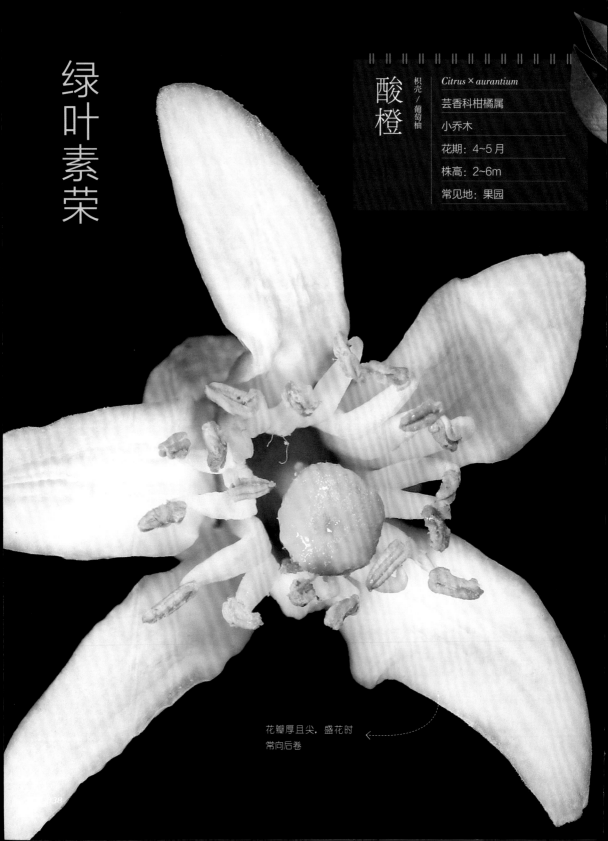

绿叶素荣

酸橙

枳壳／葡萄柚

Citrus × aurantium

芸香科柑橘属

小乔木

花期：4~5 月

株高：2~6m

常见地：果园

花瓣厚且尖，盛花时
常向后卷

果皮上密生油胞

不同开放程度的花朵姿态

单身复叶，小叶在叶
轴两侧延展成翅状

花腋生

酸橙花瓣肥腴，洁白素雅，清香提神，但
总是星星点点地藏在繁茂绿叶下，常常
是惊闻香，后寻觅。酸橙果实酸苦难以入
口，但是未成熟的果实可入药，叫作枳
壳。酸橙树常被作为其他柑橘属植物嫁接
用的砧木。柑橘属间的亲缘关系很复杂，
属内总是互相杂交，让植物学家又爱又
恨。古人认为柑橘树像可供驱使聚财的奴
仆，且不费衣食，因此称之为"木奴"。

花朵解剖图

雄蕊基部合生成多束

雌蕊，柱头大

花侧剖图：
在雌蕊基部有蜜腺

花侧面

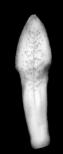

花瓣背面有绿色的
圆点

旗瓣

翼瓣

龙骨瓣

雌蕊

蝶形花解剖图

在一片有着白色花纹的叶片里，白车轴草的蝶形花簇拥成白色的小球，小花侧向下开放，花后立即下垂。白车轴草是爱尔兰的国花，在爱尔兰有找到四片叶子的三叶草就会变得幸运的传说，这个概率大约是十万分之一。找四叶草总是让人乐此不疲，就像人们追求幸运的脚步不停。

花序底面　　　　花序顶面　　　　蝶形花正面、背面

茎匍匐蔓生，节上生根

掌状三出复叶

白三叶／三叶草

白车轴草

Trifolium repens

豆科车轴草属

多年生草本

花期：5~10 月

株高：10~30cm

常见地：草地和路边

十万分之一的幸运

相比于人工栽培的蔷薇属植物，野蔷薇在清丽中带着一种侠气，因而有"野客"的别称。它的花朵香气浓郁甘甜，可以食用或制作花茶；嫩茎叶经沸水焯后可凉拌、炒食。它的每片花瓣先端都有凹刻，形成爱心状，花萼向下反卷。野蔷薇原种的花白色、单瓣，它的变种有白色的白玉堂，粉色的七姊妹、粉团蔷薇等。

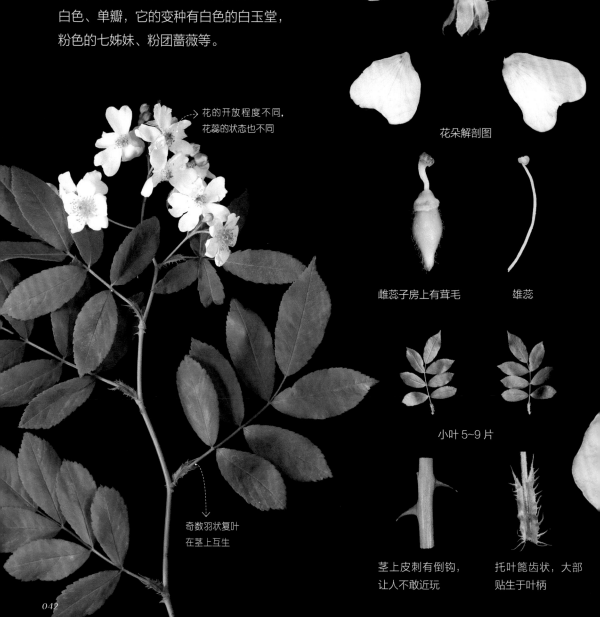

花的开放程度不同，花蕊的状态也不同

花朵解剖图

雌蕊子房上有茸毛　　　　雄蕊

小叶 5~9 片

奇数羽状复叶在茎上互生

茎上皮刺有倒钩，让人不敢近玩

托叶篦齿状，大部贴生于叶柄

野蔷薇

多花蔷薇 / 野客

Rosa multiflora

蔷薇科蔷薇属

攀缘灌木

花期：5~6 月

常见地：山坡、路旁、公园

在野有光辉

少花龙葵

衣扣草 ／ 白花菜

Solanum americanum

茄科茄属

一年生草本

花期：几乎全年

株高：80~100cm

常见地：荒地、路边和公园绿地

提灯而来

少花龙葵的花朝下开放，像古代的提灯。
花冠白色，筒部隐于萼内，冠檐5裂。花
丝极短，花药黄色，像晃眼的灯芯。果实
幼时绿色，含有大量的龙葵碱，有毒，不
可食用；完全成熟的果实黑色，像一粒粒
黑珍珠，其中龙葵碱的成分基本没有了，
可少量食用。

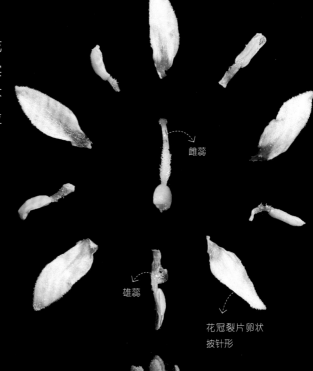

雌蕊

雄蕊

花冠裂片卵状
披针形

花丝极短，
花药黄色

花柱中部以下具白
色茸毛

花朵解剖图

花序近伞形

花腋外生

花冠裂片盛开时向
上反卷

球状浆果，幼时绿
色，成熟后黑色

叶片基部楔形下延
至叶柄而成翅

雄蕊彼此螺旋缠绕成毛茸茸的
"尾巴"，把雌蕊包裹其中

雌蕊，花柱顶端凸尖

漏斗状花冠

呈流苏状撕
裂的副花冠

叶细长似竹

夹竹桃原产于地中海沿岸地区，我
国自唐朝起就有栽培。"夹竹桃，
假竹桃也，其叶似竹，其花似桃，
实又非竹非桃，故名。"白花夹竹
桃是夹竹桃的变种，它的花冠分为
两层，外层花冠裂片逆时针旋转，
中间的副花冠裂片流苏状撕裂。全
株有毒，毒性较夹竹桃低。白花夹
竹桃常用于园林绿化，只要不入
口，驻足欣赏并不会中毒。

白花夹竹桃

Nerium oleander 'Paihua'

夹竹桃科夹竹桃属

大灌木

花期：几乎全年

株高：3~5m

常见地：公园和道路旁

暗藏杀机的浪漫

金玉满堂
馥郁芳香

花后期，花药
会变为褐色

黄叶女贞

金叶女贞

Ligustrum × vicaryi

木樨科女贞属

落叶灌木

花期：5~6 月

株高：1~3m

常见地：园林绿化带

初夏的花大多开得含蓄，却不肯香得含蓄，女贞属的成员不仅如此，还以其"凌冬青翠"的特性被赋诗千篇。金叶女贞的花序像小塔，伸出的金色花药似檐角的铃铛，雄蕊两两相对，让人联想到双手上举的芭蕾舞演员。金叶女贞由金边女贞与欧洲女贞杂交育成，因新叶金黄而得名。20世纪80年代引入我国后，以强大的适应力成为各地绿化的常用绿篱植物。

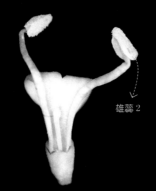

小花侧剖图：

小花白色，筒状，雄蕊伸出筒外

花冠裂片 4

总状花序生于枝顶

老叶绿色

雄蕊，初开时花药金黄色　　雌蕊及钟状花萼　　小灯泡似的花苞　　新叶金黄色

049

叶状苞片先端打着卷
儿，非常可爱

花被片正面有不明显
的紫色方格

浙贝母的茎叶细长坚挺，却顶着几
根"卷毛"，原本超然物外的气质
瞬间变得可爱。只看其植株难以与
"贝母"联系在一起，其实贝母一
名来源于《本草经集注》，因其鳞
茎"形似聚贝子"。鳞茎干燥后
就是在中药里鼎鼎有名的浙贝母，
为"浙八味"之一。浙贝母在药圃
中常见，但在野外已难觅踪迹。
（注：本标本采集于药圃。贝母属
所有种均为国家二级重点保护野生
植物，严禁野外采集。）

种子边缘有狭窄的翅　　　蒴果，外形像一块　　　花开放时是下垂的，
　　　　　　　　　　　　脊椎骨　　　　　　　　像铃铛

借得春水三分绿

浙贝母

Fritillaria thunbergii

百合科贝母属

多年生草本

花期：3~4 月

株高：50~80cm

常见地：药圃、林下和山坡草丛

6 枚雄蕊成熟的时间不一样，花药短的先成熟，花药长的后成熟，可以延长传粉的时间

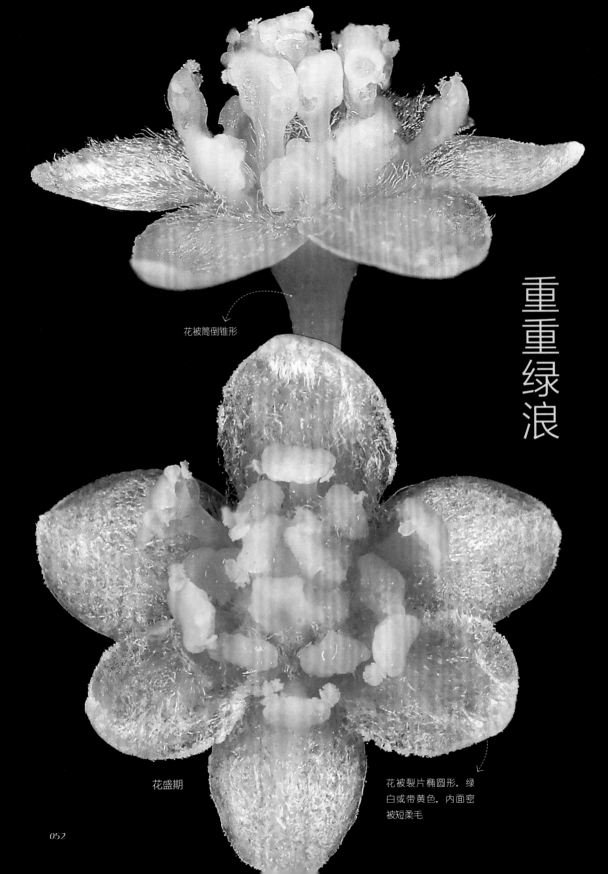

花被筒倒锥形

重重绿浪

花盛期

花被裂片椭圆形，绿
白或带黄色，内面密
被短柔毛

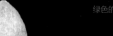

樟

樟树／香樟

Camphora officinarum

樟科樟属

常绿乔木

花期：4~5 月

株高：可达 30m

常见地：道路旁和山间

樟的树皮纵裂，古人认为它大有文章，故名为樟。樟原产于我国，是江南地区不可或缺的存在，虽然是常绿乔木，但是它的老叶会在春天转红掉落，再重新焕发新绿。此时细碎的小花也开始绽放，空气中全是恬淡的清香，这是它一年之中生命力最美妙的时候。但因为樟花过于小巧，人们即使路过也很难注意到它，实际上它的构造十分精妙，有能育雄蕊和退化雄蕊两种，雄蕊的排列方式规整有序。

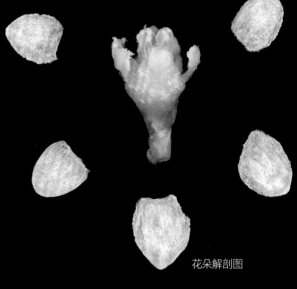

花朵解剖图

退化雄蕊呈箭头形

能育雄蕊，花药的开裂方式是瓣裂，像是有一个可打开的盖子，花粉在盖子下

雌蕊

花前期

花后期

叶为离基三出脉，是樟树的特征

果实近球形，有帽子似的果托

圆锥花序腋生

053

早春的『星之瞳』

铺散多分枝草本

阿拉伯婆婆纳

波斯婆婆纳

Veronica persica

车前科婆婆纳属

一年至二年生草本

花期：3~5 月

株高：10~50cm

常见地：路边和荒野

喜欢蓝色的人总会迷恋阿拉伯婆婆纳，它们成片开放时就像大地缀满了蓝色的星星，细看每一朵小花时，又像蓝色的瞳孔，因而又被称为"星之瞳"。花冠裂片4，蓝、紫或蓝紫色，上面有深蓝色条斑，像是孩子认真画上去的，其实这是指引昆虫来采蜜传粉的"指示斑"。在阳光热烈的时候它才会盛开，而且花朵一碰就很容易掉落。它原产于西亚及欧洲，在我国属于一种归化植物。

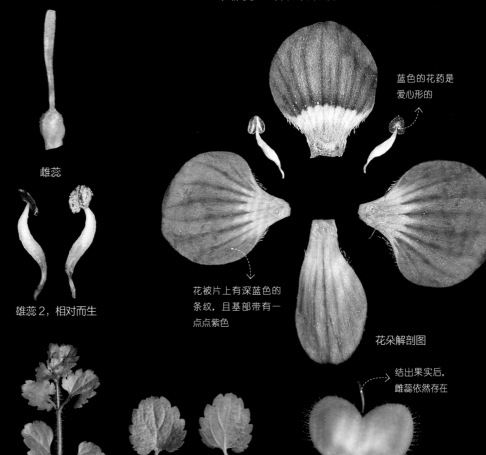

雌蕊

雄蕊 2，相对而生

蓝色的花药是爱心形的

花被片上有深蓝色的条纹，且基部带有一点点紫色

花朵解剖图

结出果实后，雌蕊依然存在

茎密生两列柔毛

叶片卵圆形，具钝锯齿，两面疏生柔毛

果实很像老婆婆的针垫，故名"婆婆纳"

梅 腊梅/寒梅

Prunus mume

蔷薇科李属

小乔木

花期：12 月~次年 3 月

株高：4~10m

常见地：公园、庭院

清极不知寒

花萼常红褐色，有
些品种为绿色

花后长叶，叶边常
具细小锐锯齿，果
实长于枝下

果实未熟时称青梅，
有柔毛

踏雪寻梅是寒冬里的一大雅事。梅
先花后叶，花梗短，紧贴枝条，花
瓣较圆，有专属的浓香，这是辨
别梅的第一步。梅有悠久的栽培历
史，品种繁多，主要包括真梅、杏
梅和樱李梅三类，真梅系是由梅的
野生原种或变种演化而来，不掺入
其他物种的基因，本页选择的便是
真梅类。梅不仅花朵美丽，果实也
可食用，早在殷商时期，人们便用
梅子作为酸味剂进行调味。

雄蕊　　　子房密被柔毛

离生雄蕊，多数雄
蕊彼此分离

真梅类的新枝绿色，
可以与杏区别开

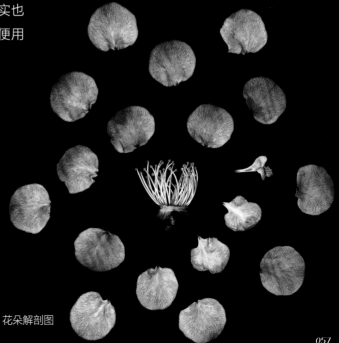

花朵解剖图

醉颜春睡

花瓣从粉色渐变为白色，似美人的睡颜，粉嫩娇媚

花瓣倒卵形，基部有短爪

雄蕊

雌蕊柱头分叉，基部有长茸毛

叶先端长渐尖

果实很小，口感酸涩

花朵解剖图

垂丝海棠的花开得层层叠叠，远看犹如彤云密布。它的花梗细弱如丝，花朵下垂开放，因而得名。海棠是苹果属和木瓜属中一些植物的统称，《群芳谱》中将西府海棠、垂丝海棠、贴梗海棠、木瓜海棠称为"海棠四品"。古人常把海棠与女子春睡未足的姿态联系在一起，留下了许多优美的诗词，若是见过海棠花的娇媚，便知它值得古代文人的偏爱。花后会在枝头挂满小珠子似的果实，但味道不佳。

垂丝海棠

Malus halliana

蔷薇科苹果属

乔木

花期：3~4 月

株高：2~5m

常见地：公园、庭院

花梗细长，花朵下垂开放

雄蕊长度约为花瓣的 1/2

不同开放程度的花朵姿态

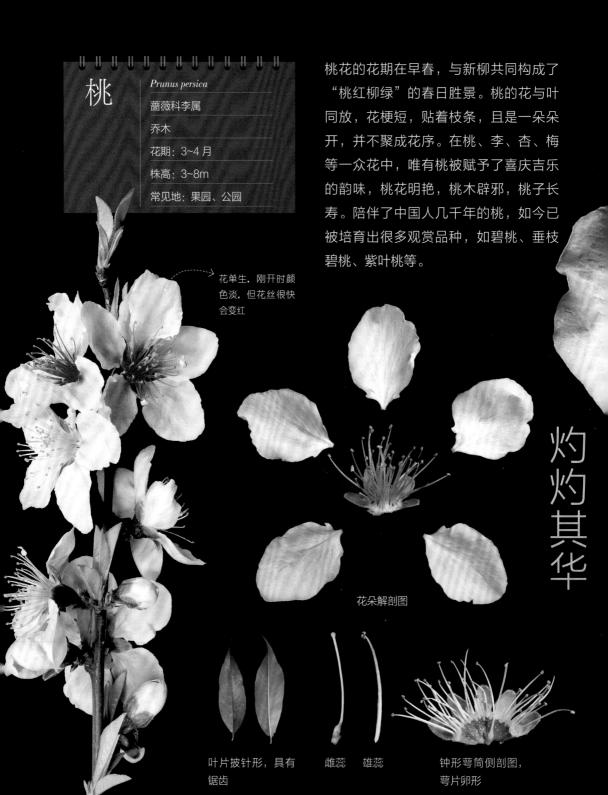

桃

Prunus persica

蔷薇科李属

乔木

花期：3~4 月

株高：3~8m

常见地：果园、公园

桃花的花期在早春，与新柳共同构成了"桃红柳绿"的春日胜景。桃的花与叶同放，花梗短，贴着枝条，且是一朵朵开，并不聚成花序。在桃、李、杏、梅等一众花中，唯有桃被赋予了喜庆吉乐的韵味，桃花明艳，桃木辟邪，桃子长寿。陪伴了中国人几千年的桃，如今已被培育出很多观赏品种，如碧桃、垂枝碧桃、紫叶桃等。

花单生，刚开时颜色淡，但花丝很快会变红

灼灼其华

花朵解剖图

叶片披针形，具有锯齿

雌蕊　雄蕊

钟形萼筒侧剖图，萼片卵形

救荒野豌豆
大菓菜

Vicia sativa
豆科野豌豆属
一年或二年生草本
花期：4~7 月
株高：15~100cm
常见地：荒地、草丛

花正面

花背面　　　　　花侧面

采薇采薇

顾名思义，这是一种能够救人于饥荒之中的植物，和蔬菜豌豆尖一样，采其嫩芽可以果腹。《诗经·小雅·采薇》中的"薇"指的就是救荒野豌豆，后世还常以"采薇"指归隐生活。它多长于草丛、荒地，相比于花朵，叶片更有辨识度，能够借助顶端的卷须攀缘到邻近的植物上，这个卷须是小叶的一种变态。

花朵下方的托叶上有蜜腺，会吸引许多蚂蚁来做保镖

茎叶正面，卷须
2~3分支

植株可以长到一米高

茎叶背面

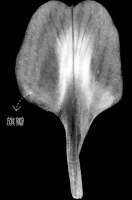

旗瓣

蝶形花冠，具有1
枚旗瓣、2枚翼瓣
和2枚龙骨瓣

小叶长椭圆形，先
端平截，有凹

翼瓣

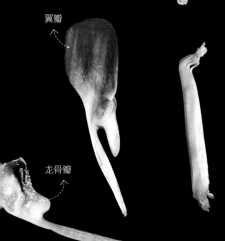

龙骨瓣

小叶变态成像小弯
钩状的卷须

蝶形花解剖图

园林绿化中的锦绣杜鹃，也有着野生杜鹃生来孤清的姿态，怪不得西方植物猎人在中国的千山中发现它之后，对其一见倾心，让"无鹃不成园"成为西方园艺界的名言。在城市中见到的杜鹃大多是锦绣杜鹃，因叶与枝上密被毛，也称"毛鹃"。除美貌之外，它还是个"杀手"——锦绣杜鹃花苞上的芽鳞和花萼都会分泌黏性物质，会杀死昆虫以保护新生的花。

花枝

萼片上有黏性茸毛

保护花苞的芽鳞，
常粘住小昆虫

花朵解剖图

灿若云霞

花冠内侧有深紫红色
指示斑，如同古代美
人的额妆

锦绣杜鹃

毛鹃／春鹃

Rhododendron × pulchrum

杜鹃花科杜鹃花属

半常绿灌木

花期：4~5 月

株高：1.5~2.5m

常见地：公园、绿化带

结此千千结

结香 梦花

Edgeworthia chrysantha

瑞香科结香属

落叶灌木

花期：2~3 月

株高：1~2m

常见地：公园、庭院

头状花序绒球状，最外圈先开放，中间后开放

借着挂满枝头的明黄色绒球，结香一开花便成为早春的明星。结香的茎皮中纤维含量很高，枝条十分柔软，即便把茎弯曲打个结也不会折断，且花香浓郁，因而得名。民间传说，清晨梦醒后，在结香树上打个花结，如果晚上做的是美梦，可以让人梦想成真，若是做的噩梦，可以助人解恶脱难，因而又叫"梦花"。撩人的花香不仅吸引人前来观赏，也能吸引许多昆虫采蜜。结香是没有花瓣的，我们看见的只是花冠状的花萼。

黄色部分不是花瓣而是花萼，外面密被丝状毛

不同开放程度的花朵姿态

雄蕊的花丝极短，花药近卵形

雄蕊有两排，上下各4个

子房上方丛生白色丝状毛，花柱线形，柱头棒状

开花后才长叶，叶纸质

茎皮极强韧，即便对折也不会折断

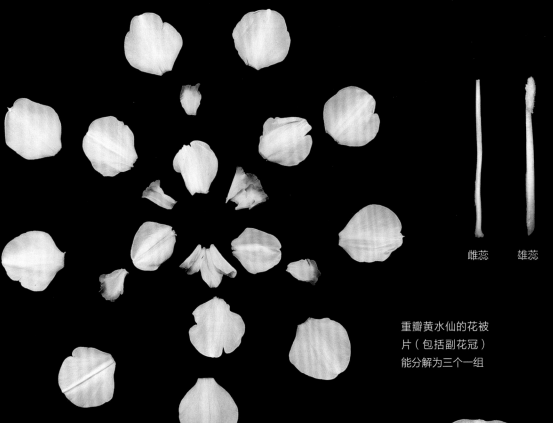

雌蕊　　雄蕊

重瓣黄水仙的花被片（包括副花冠）能分解为三个一组

花朵解剖图

黄水仙原产于欧洲，栽培历史悠久，目前已经培育出了两万多个色彩各异的栽培品种。它的花茎挺拔，花色丰富，花型多样，图中为重瓣的黄水仙品种。在古希腊神话中，美少年纳西索斯爱上了自己在水中的倒影，扑向水中的自己，变成了一株黄水仙，因而黄水仙又被称为"恋影花"。

蒴果　　蒴果横切，种子常败育

恋影之花

叶丛生、挺拔，
宽线形

黄水仙

喇叭水仙 / 洋水仙

Narcissus pseudonarcissus

石蒜科水仙属

多年生草本

花期：3~4 月

株高：25~40cm

常见地：公园、庭院

花被片 6 片，分成
内外两轮，内轮较
狭长，外轮较圆钝

自有嫣然态

乐昌含笑

Michelia chapensis

木兰科含笑属

乔木

花期：3~4 月

株高：15~30m

常见地：公园和道路旁

雄蕊

雌蕊群窄圆柱形，
密被银灰色平伏微
柔毛

花朵解剖图

种子成熟后会变成
鲜红色

叶片　　　　　　枝条

果实为聚合果，像
葡萄串

20世纪初，园林市场的"木兰热"，使
得原本隐居乐昌等地的乐昌含笑身价倍
涨，走进了南方各个城市的园林绿化之
中。古人最欣赏含笑花盛放时也是将开未
绽之姿，可乐昌含笑一点儿也不懂得矜
持，盛放时花瓣都大方地展开，释放出犹
如熟透香蕉的甜香，连花朵的颜色也很像
香蕉。

不同开放程度的花朵姿态

猫爪草

小毛茛

Ranunculus ternatus

毛茛科毛茛属

多年生草本

花期：3~5 月

株高：5~20cm

常见地：草地和田边

小勺状的雄蕊

像刺球一样的雌蕊
群成熟后，每个离
生的单雌蕊都发育
成一个像瓜子一样
的瘦果

花朵解剖图

基生的三出复叶也
像猫爪，小叶菱形

形似猫爪垫的块根

在茎上生长的叶片没
有叶柄

在华东地区制造一块黄色的花毯，少不了猫爪草的功劳。只看植株的地上部分，不太能看出这种植物与猫爪有什么关联，挖出它的块根，瞬间了然：猫爪草的黑色块根，形状很像肉乎乎的猫爪垫。自古以来，有许多药用植物来自毛茛科。药理研究表明，猫爪草的块根在抗肿瘤方面有显著的功效，得到了医学界的重视。

肉乎乎的
猫爪垫

雄蕊和雌蕊数量很多，且螺旋状排列

蜡质花瓣在光下如金箔一样闪闪发亮

被谣言
耽误的
红果

内圈尖顶的是萼片

外圈倒卵形的
是副萼片

在春天的一众黄花中，蛇莓花并不引人注意，但等它草莓似的红果一颗颗点亮草地，人们就会注意到它，并发出疑问：能吃吗？大人总是告诉孩子蛇莓"是蛇吃的""有毒""有蛇口水"等，这一谣传甚至体现在了蛇莓的名字里。实际上蛇莓无毒，蛇也不吃，但蛇莓的果肉味道很淡，不酸也不甜，并不好吃。

蛇莓 蛇泡草

Duchesnea indica

蔷薇科蛇莓属

多年生草本

花期：4~8 月

株高：30~100cm

常见地：山坡和草地

雄蕊

花朵像被绿叶托住的金盏

半球形花托

花朵解剖图

有许多覆盖着柔毛的匍匐茎

三出复叶，边缘有锯齿

蛇莓的果实是由很多瘦果组成的聚合果，整个红艳艳的圆球并不是真正的果实，而是肉质花托，上面一粒一粒的才是果实

无法停留

花序背面

花序侧剖图，中间的
舌状花比外圈的小

舌状花，萼片变为
银白色的毛，叫作
冠毛

蒲公英 _{黄花地丁}

Taraxacum mongolicum

菊科蒲公英属

多年生草本

花期：4~9 月

株高：10~25cm

常见地：草地和山坡等

蒲公英的叶片基生，莲座状，叶丛中间抽出一至数个花葶，与叶等长或比叶稍长。花葶顶端长有头状花序，全部是由舌状花构成，没有管状花。这些舌状花呈明亮的黄色，形成的花序像一个小太阳，边缘的舌状花背面有紫红色条纹。蒲公英因为小绒球般的果序被人们所熟知，毛茸茸的白色冠毛，如同一个个小降落伞，带着种子随风飞向未知的远方安家。它的花语是无法停留的爱。

叶片变化较大，边缘具波状齿或羽状深裂等，基部渐狭成叶柄

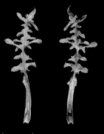

全株是常见的野菜和中草药，根与咖啡的味道相似，可代替咖啡，但不含咖啡因

种子上方有降落伞似的白色冠毛

棣棠

鸡蛋黄花 / 山吹

Kerria japonica

蔷薇科棣棠属

落叶灌木

花期：4~6 月

株高：1~2m

常见地：公园、庭院

棣棠花色呈浓艳的黄色，非常耀眼。宋徽宗曾作《棣棠花》一诗，用"众芳红紫遍楹隅，惟此开时色迥殊"赞美其特殊的花色。因为棣棠的花色非常像鸡蛋黄，在我国民间，棣棠也被称为"鸡蛋黄花"；在日本，因为棣棠花色很像古代日语中的山吹色，所以棣棠被称为"山吹"。棣棠花开不断，可以轻松撑起整个春天，且其植株耐修剪，从宋代至今，都被广泛地用作花篱。

花瓣黄色，顶端有些凹陷

单瓣花解剖图

雌蕊 5~8 枚，分离　　雄蕊　　雄蕊多且杂乱

重瓣的棣棠

重瓣花解剖图：花瓣内小外大，花蕊退化消失

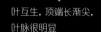

叶互生，顶端长渐尖，叶脉很明显

惟此花色殊

满枝无鸟雀

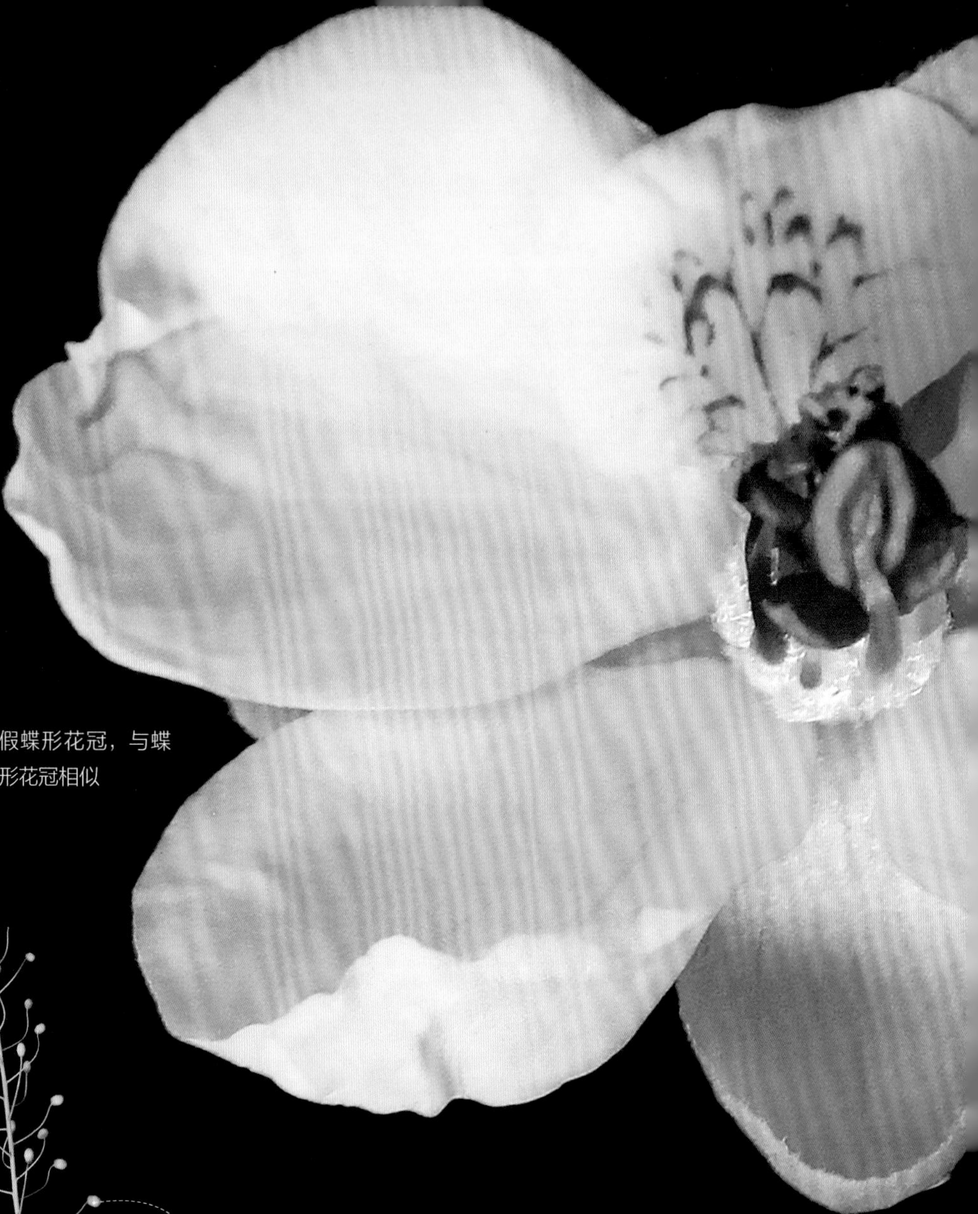

假蝶形花冠，与蝶形花冠相似

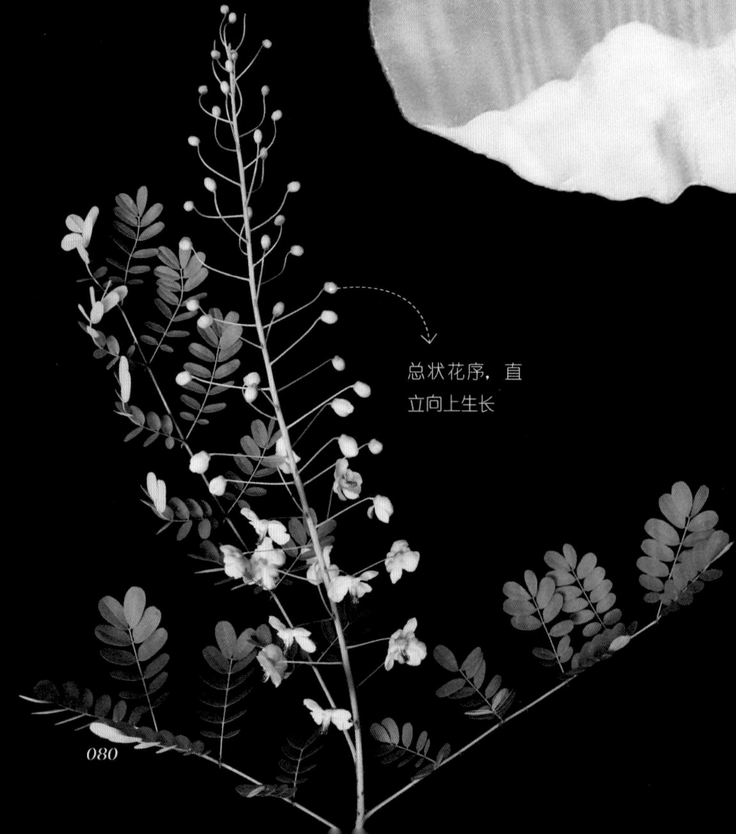

总状花序，直立向上生长

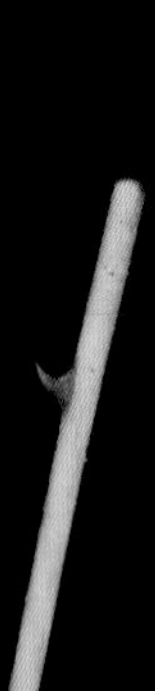

茎上密布钩刺

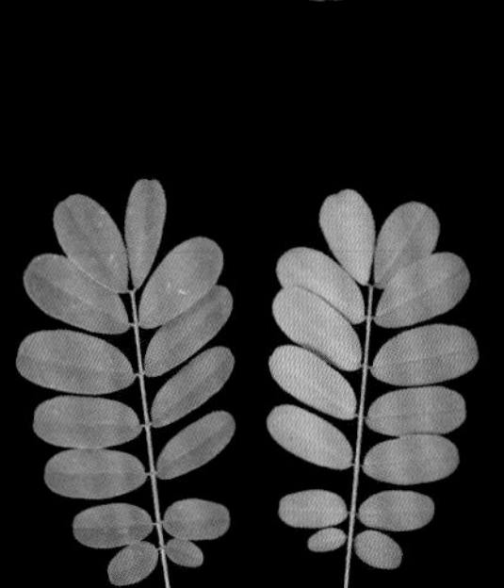

二回羽状复叶

云实

Biancaea decapetala

豆科云实属

木质藤本

花期：4~5 月

常见地：山林、公园

若是在仲春看见树顶有一片金黄，那大概率是遇到靠着钩刺爬上树顶的云实了。因为其满身的钩刺，让鸟儿不敢轻易落在其枝头，因而有着"云实满山无鸟雀"的诗句。金灿灿的总状花序上有很多小花，小花假蝶形，上方最小的一片叫"旗瓣"，上面有红色的花纹，如同古代女子在眉心点的花钿。

花背面有绿色的花萼，萼片 5 片，长圆形

花左右对称，上方最小的是旗瓣，中间两片为翼瓣，下方两片为龙骨瓣

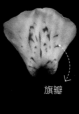
旗瓣

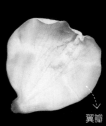
翼瓣

花蕊　　雄蕊可分离　　雌蕊

龙骨瓣

假蝶形花冠解剖图

杂交马褂木

杂交鹅掌楸

Liriodendron chinense × tulipifera

木兰科鹅掌楸属

落叶乔木

花期：4~6月

株高：可达60m

常见地：公园、道路旁

内两轮6片花被片花
瓣状，正面可见深黄
色的纹路

御赐黄马褂

杂交鹅掌楸是鹅掌楸与北美鹅掌楸的人工杂交种，具较强的杂种优势，是非常好的行道树。因叶片似鹅掌而得名，又因它的叶片像小马褂，所以又叫作杂交马褂木。花朵为杯状，像一个贵气的小酒盏。花被片9片，内两轮6片，内侧有火焰似的纹路，外轮3片，绿色。花被片内侧能分泌亮晶晶的蜜水，松鼠采蜜时常会把花啃得乱七八糟，丢一地。果实为聚合果，秋冬常能在树下看见一地的"瓜子"，那是它具有翅膀的小坚果，会借风传播到更远的地方。

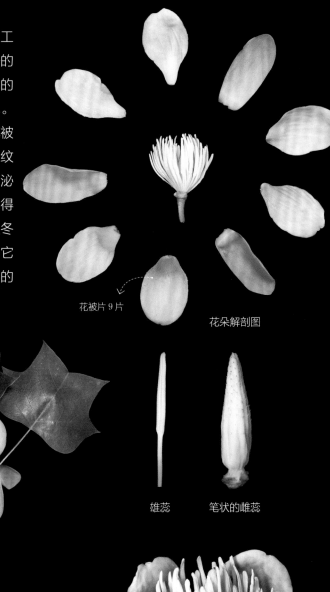

花被片 9 片

花朵解剖图

马褂状的叶片

雄蕊　　笔状的雌蕊

花苞

聚合果纺锤状，由多个长翅的小坚果成鳞片状排列而成

最外面3片绿色花被片萼片状，向外弯垂

黄鹂婆
黄鹌菜

Youngia japonica

菊科黄鹌菜属

一年生草本

花期：4~10 月

株高：10~100cm

常见地：林间草地、田间和荒地等

头状花序全由舌状
花组成，簇拥着中
间的花蕊

处处可见
却似不见

簇簇挺立的黄鹌菜在阳光下格外耀眼，和一众外形相似的黄色菊科植物相比，它无论花还是果实都要小一些，"鹌"字就是形容它的植株像"鹌鹑"一样小巧。黄鹌菜是一种常见的野花，但也正因为太常见，人们常对其视而不见。但其实他不仅外形可爱，还有很多用处：它能分泌大量带苦味的乳汁，避免昆虫等动物的采食，还能药用和作为野菜食用。

舌状花花瓣边缘波浪状，花冠管外面有短柔毛

褐色的瘦果纺锤形，和蒲公英一样有冠毛，能飞翔

头状花序在茎枝顶端排成伞房花序

叶基生，裂成很多不规则的形状，最下方侧裂片耳状，很有记忆点

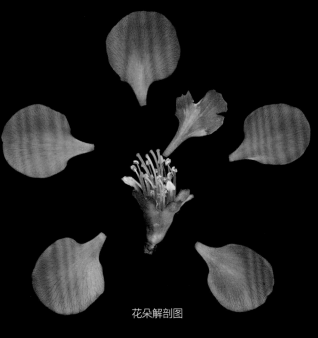

川端康成曾在《花未眠》中写道："凌晨四点钟，看见海棠花未眠。总觉得这时，你应该在我身边"，讲述了人与自然相撞的刹那的感觉。不知道他笔下的海棠是不是日本海棠。日本海棠的花色红中带橙，对应着中国传统色里的妃红色，花瓣上可以看见像血管一样的深红色的脉络。植株低矮、耐修剪，常被制作成盆景。与垂丝海棠的长花梗相反，它的花梗很短或近无梗，贴着枝条生长，和贴梗海棠很相似，但贴梗海棠先花后叶，而日本海棠花叶同放。

花朵解剖图

被丝托侧剖图

花柱 5，基部合生

花苞

枝有细刺，会横长，花梗短或近无梗

雄蕊

这种不能分离的钟状结构叫作被丝托

叶片边缘有圆钝锯齿

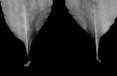

凌晨未眠

日本海棠

日本贴梗海洋

Chaenomeles japonica

蔷薇科木瓜海棠属

矮灌木

花期：3~6月

株高：0.5~1m

常见地：公园、庭院

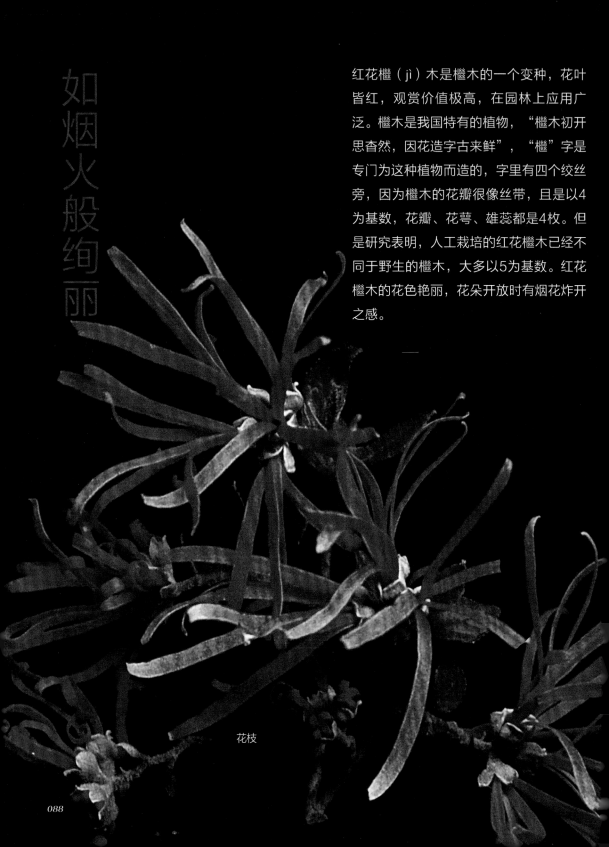

如烟火般绚丽

红花檵（jì）木是檵木的一个变种，花叶皆红，观赏价值极高，在园林上应用广泛。檵木是我国特有的植物，"檵木初开思杳然，因花造字古来鲜"，"檵"字是专门为这种植物而造的，字里有四个绞丝旁，因为檵木的花瓣很像丝带，且是以4为基数，花瓣、花萼、雄蕊都是4枚。但是研究表明，人工栽培的红花檵木已经不同于野生的檵木，大多以5为基数。红花檵木的花色艳丽，花朵开放时有烟花炸开之感。

花枝

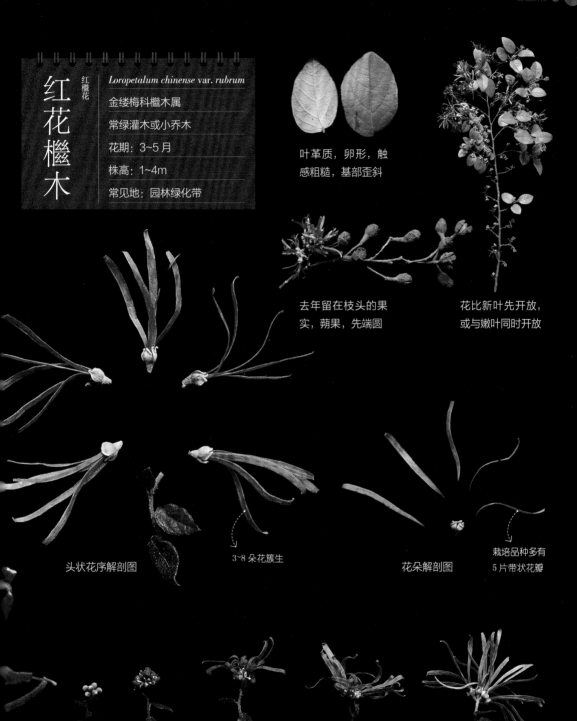

红檵花

红花檵木

Loropetalum chinense var. rubrum

金缕梅科檵木属

常绿灌木或小乔木

花期：3~5 月

株高：1~4m

常见地：园林绿化带

叶革质，卵形，触感粗糙，基部歪斜

去年留在枝头的果实，蒴果，先端圆

花比新叶先开放，或与嫩叶同时开放

头状花序解剖图

3~8 朵花簇生

花朵解剖图

栽培品种多有5 片带状花瓣

花朵开放时如同烟花炸开

七角枫

鸡爪槭

Acer palmatum

无患子科槭属

落叶小乔木

花期：4~5 月

株高：5~8m

常见地：公园、庭院

雄花的花瓣粉白色
雄蕊比花瓣长

两性花的花瓣粉色
雄蕊比花瓣短

雄花正面图

一身秋色

两性花正面图

鸡爪槭因叶片深裂像鸡爪而得名，在园林绿化中应用广泛，变种和变型很多。鸡爪槭最被人看重的便是秋冬似火般的红叶，也是许多人印象中的"枫叶"，藏在叶间的花朵反而无人问津。花杂性，在一株鸡爪槭上可以找到雄花和两性花。果实为具翅坚果，最有意思的是其扁平的雌蕊已经有了未来翅的雏形。翅初为绿色，后变为漂亮的紫红色，成熟后变为淡棕黄色，乘风离开。

两性花的雌蕊成熟时，雄蕊还未成熟，可以避免自花传粉

两性花侧面图

雄花的雄蕊也错开成熟时间

雄花侧面图

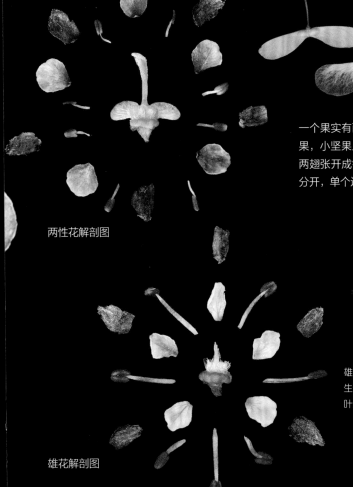

两性花解剖图

雄花解剖图

一个果实有两个球形小坚果，小坚果上各具一翅，两翅张开成钝角，成熟后分开，单个边旋转边下落

叶掌状 5~9 裂，通常 7 裂

雄花与两性花同株，生于无毛的伞房花序，叶发出后才开花

毒果似八角

红毒茴
披针叶尚香

Illicium lanceolatum

五味子科八角属

灌木或小乔木

花期：4~6 月

株高：3~10m

常见地：公园、山林

红毒茴一名写明了其危险性：红指拥有肉质红色的花瓣；毒指根、果实、种子都有毒；茴指果实和八角茴香的果实相似，区别在于，红毒茴的果实不止8个角，一般有10~14个角，要注意区分，避免误食。

红毒茴和红茴香（*Illicium henryi*）也十分相似，都为中药莽草的基源植物，古人很早便对其毒性有了解，古书记载莽草可毒杀鱼虫。

肉质花被片
10~15 枚

花朵解剖图

花柱钻形　　雄蕊有隆起的药室

叶革质、披针形，所以别名披针叶茴香，有强烈香气，可提取芳香油

蓇葖 10~14 枚，顶端有向后弯曲的钩状尖头

花梗纤细，花深红色

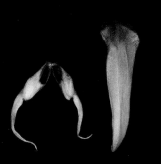

外花瓣　　　上花瓣　　　雄蕊　　　内花瓣　　　雄蕊　　　下花瓣　　　花朵侧面展开图

雌蕊

总状花序，多花

基部叶片常排成莲座状

叶片具缺刻状齿，
故名刻叶

花距（花瓣向后延长
成的结构）圆筒状，
往往藏有花蜜，来吸
引昆虫往里面钻，从
而完成传粉

花侧面呈烟斗状

烟斗与炸弹

蒴果成熟后被碰到
会"爆炸"，把内
部的种子弹射出去。
种子未成熟时红色，
成熟后会变成黑色

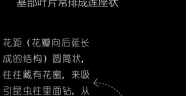

刻叶紫堇

Corydalis incisa

罂粟科紫堇属

多年生草本

花期：3~4 月

株高：15~60cm

常见地：林缘、路边

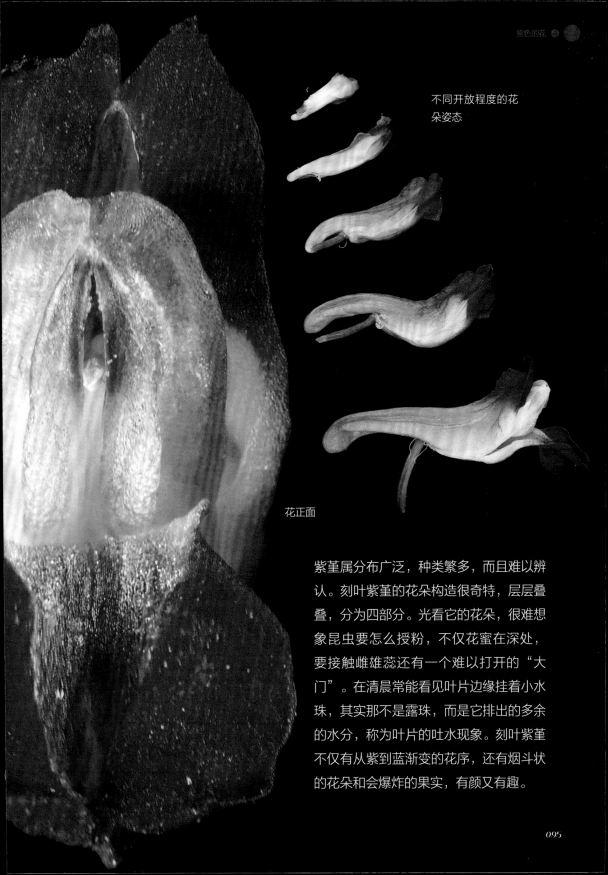

不同开放程度的花
朵姿态

花正面

紫堇属分布广泛，种类繁多，而且难以辨
认。刻叶紫堇的花朵构造很奇特，层层叠
叠，分为四部分。光看它的花朵，很难想
象昆虫要怎么授粉，不仅花蜜在深处，
要接触雌雄蕊还有一个难以打开的"大
门"。在清晨常能看见叶片边缘挂着小水
珠，其实那不是露珠，而是它排出的多余
的水分，称为叶片的吐水现象。刻叶紫堇
不仅有从紫到蓝渐变的花序，还有烟斗状
的花朵和会爆炸的果实，有颜又有趣。

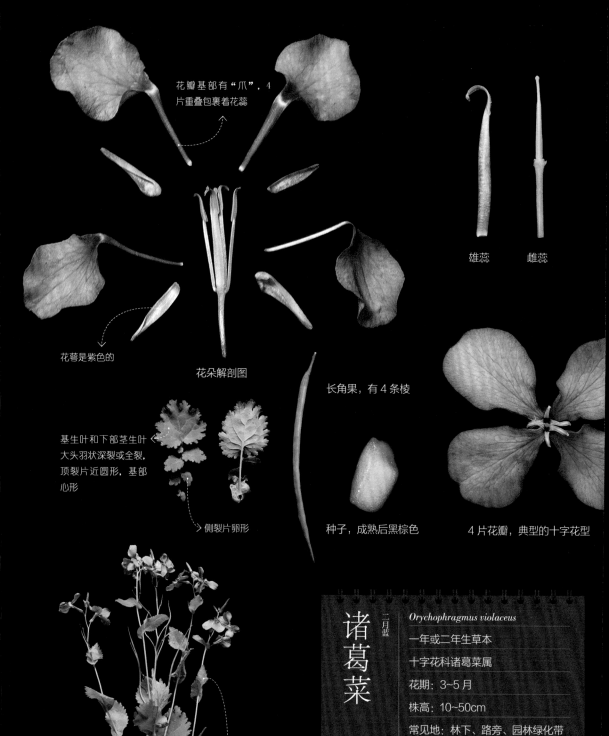

花瓣基部有"爪"，4片重叠包裹着花蕊

花萼是紫色的

花朵解剖图

雄蕊　雌蕊

基生叶和下部茎生叶大头羽状深裂或全裂，顶裂片近圆形，基部心形

侧裂片卵形

长角果，有4条棱

种子，成熟后黑棕色

4片花瓣，典型的十字花型

上部叶较窄，基部耳状，抱茎

二月蓝

诸葛菜

Orychophragmus violaceus

一年或二年生草本

十字花科诸葛菜属

花期：3~5月

株高：10~50cm

常见地：林下、路旁、园林绿化带

相传诸葛亮为解决粮食问题，让将士开荒广种一种蔓菁，军队吃不完，还送给附近的百姓，老百姓就把这种蔓菁称作诸葛菜。诸葛菜会度过数月的休眠，待到秋季破土而出，度过寒冬，在阴历二月开花，故又名二月蓝。虽然花形和颜色并无特异之处，但却以数量取胜，一夜间便能将绿地变为紫色花海，花期可延续两个多月，即便朴素也有凌驾百花之上的势头。

躲在秋与春之间

紫荆的叶还未长出时，花朵就开始在灰白的、瘦骨嶙峋的枝干上迸发出一点点紫红色的生命迹象，从一个点到一条枝，再到整个植株，最后满树皆紫红。花2~10朵簇生，主干上花较多，幼嫩枝条上花较少。花冠分成了两个部分，两片龙骨瓣包裹着花蕊，显得鼓鼓囊囊的。在中国文化中，常用"三荆"指代紫荆，成语"三荆同株"意为手足情深。此紫荆并不是香港的区花，本书中的红花羊蹄甲才是。

碎紫点满枝

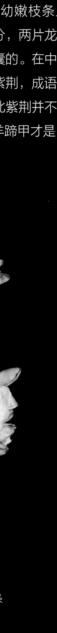

荚果扁长，经冬不落

开花的枝条

叶片先端急尖，基部浅至深心形

紫荆

老茎生花

Cercis chinensis

豆科紫荆属

灌木

花期：3~4 月

株高：2~5m

常见地：公园、庭院

旗瓣

翼瓣

不同开放程度的花朵姿态

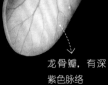
龙骨瓣，有深
紫色脉络

雌蕊，子房嫩绿色　　雄蕊可分离　　　　　　假蝶形花解剖图

蔓长春花名字里的"蔓"说明了它的茎匍匐生长。花茎长达30cm，直立。原产于欧洲，因耐阴的特性成为了华东地区很好的铺地植物。它的花色紫中带蓝，给人活力和愉悦的感受，"长春花蓝"还成为了2022年度流行色。它还有金边的品种，叶子有一圈金边，与蓝紫色的花相得益彰。

花正面：花冠裂片逆时针旋转，像蓝紫色风车

让蓝紫色蔓延

蔓长春花

长春蔓

Vinca major

夹竹桃科蔓长春花属

蔓性半灌木

花期: 3~5 月

株高: 可达 1m

常见地: 公园、庭院

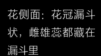

花侧面: 花冠漏斗
状, 雌雄蕊都藏在
漏斗里

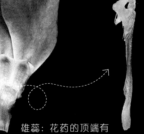

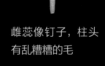

雄蕊: 花药的顶端有
毛, 花丝与漏斗紧密
贴合

雌蕊像钉子, 柱头
有乱糟糟的毛

花单朵腋生

花苞

叶正反面

酸味的幸运草

叶柄和总花
梗都很长

球状鳞茎

水晶萝卜似
的肉状根

3片小叶，
先端凹缺

红花酢浆草

大酸味草

Oxalis corymbosa

酢浆草科酢浆草属

多年生草本

花期：3~12 月

株高：10~40cm

常见地：路旁、荒地

红花酢（cù）浆草的酢同醋，指植株带有酸味。它对光线很敏感，阳光下花开得流光溢彩，阴雨时则合拢，难以被发现。花瓣上有深色线状纹，中心是绿色的，与之相似的关节酢浆草的中心是红色的。拥有三出复叶的草本植物通称三叶草，红花酢浆草也是其中之一，有4片小叶的红花酢浆草被称为幸运草。

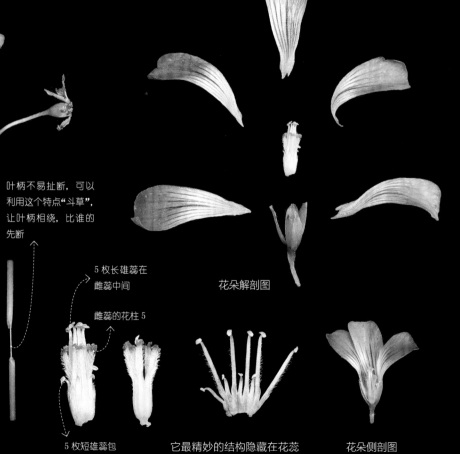

叶柄不易扯断，可以利用这个特点"斗草"，让叶柄相绕，比谁的先断

5 枚长雄蕊在雌蕊中间

雌蕊的花柱 5

花朵解剖图

5 枚短雄蕊包裹着雌蕊

它最精妙的结构隐藏在花蕊里，10 枚雄蕊 5 长 5 短，花柱正好位于长短雄蕊之间

花朵侧剖图

累累缀璎珞

花正面

花背面

总状花序自基部向
顶端顺序开放

花侧面

多花紫藤的花序宛若下坠摇曳的璎珞，细看每一朵花，旗瓣底部带一块绿，翼瓣会略微张开，龙骨瓣紧紧包裹着花蕊，竟有些像章鱼。除了花，别忽略了它的茎，在江南园林中，紫藤蜿蜒之状，好似蛟龙出没。大部分藤本植物的茎是右旋缠绕的，但紫藤属中同时有茎左旋的紫藤和茎右旋的多花紫藤，实在是很有趣的事情。

多花紫藤

Wisteria floribunda

豆科紫藤属

藤本

花期：4~5 月

常见地：公园、庭院

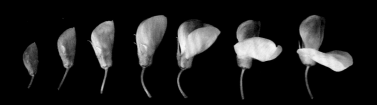

不同开放程度的花朵姿态

荚果倒披针形，密被茸毛

奇数羽状复叶，质感为薄纸质

旗瓣

翼瓣

龙骨瓣

蝶形花解剖图

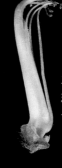

二体雄蕊，10 枚雄蕊中有 9 枚花丝联合，1 枚单生

雌蕊，花柱上弯　　雄蕊

油麻藤

Mucuna sempervirens

豆科油麻藤属

常绿木质藤本

花期：3~5 月

常见地：山林间

藤若巨蟒

花若雀鸟

总状花序生于老茎
上，每节具 3 花

不同开放程度的花朵姿态

油麻藤是典型的"老茎生花"植物，一串串紫黑色的硕大花序生在虬曲粗壮的老藤上，每朵花肉质而厚实，再辅以一股腐肉臭味混合奶油甜味的怪味，让人难忘。它的花蕊被紧紧包裹着，小昆虫不能得到它的蜜水，但是松鼠等哺乳动物可以帮助它传粉。作为大型木质藤本，在树林里的它，像巨蟒一样缠绕树干直到树顶，其繁茂的枝叶可以遮蔽掉这棵树大部分的阳光。

花正面（花蕊不露出）

花侧面（露出花蕊）

羽状复叶具 3 片小叶

木质荚果带形，有红褐色短伏毛和长刚毛覆盖，会扎手

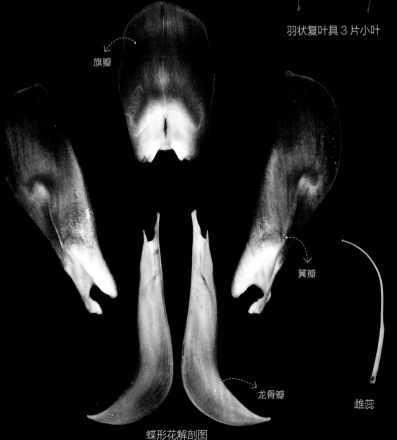

旗瓣

翼瓣

龙骨瓣

蝶形花解剖图

种子扁长圆形，有花纹

雌蕊

二体雄蕊，9 枚联合，1 枚分离

107

尚未成熟的蓇葖果，
成熟后会裂开，释
放出种子，就像露
馅的饺子

尚未成熟的种子，
有一圈圈的横膜翅

叶多为二到三回近羽状复叶

花瓣

距

侧部萼片

背部萼片

雌蕊

花朵解剖图

腹部萼片

雄蕊

不同开放程度的花朵姿态

在山野里偶见停在草尖翘着尾巴，却不会飞走的雀鸟，大概率是还亮草。它外圈醒目的紫色花瓣状结构是萼片，能吸引传粉者，内侧小小的是花瓣，花瓣向后延长成"距"，将花蜜藏在距的深处，引导传粉者进入花瓣内部，增加传粉的概率。

还亮草 _{鱼灯苏}

Delphinium anthriscifolium

毛茛科翠雀属

一年生草本

花期：3~5 月

株高：30~80cm

常见地：山坡草丛和溪边草地

背部 2 枚花瓣色彩艳丽且具纹饰

翘尾巴的雀鸟

棟是挽春望夏的花，《花镜》中写道：
"江南有二十四番花信风，梅花为首，棟花为终"。棟花开过之后，春天热闹得让人眼花缭乱的花便开尽了。棟的花很小，但盛开时整棵树都被笼罩在紫色的烟霞里，非常唯美梦幻。棟花有个奇特的花丝筒，黄色的花药着生在花丝筒的最上面，盛开时淡紫色花瓣会向后弯曲。棟的鲜叶、根皮、果实含有苦棟碱，具有一定的毒性，可入药。

棟 苦棟

Melia azedarach

棟科棟属

落叶乔木

花期：4~5月

株高：10~15m

常见地：路旁或山林间

花背面，花萼 5 深裂

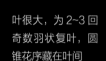

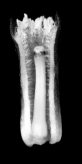

果实又叫金铃子，在民间传说中是凤凰的食物

叶很大，为 2~3 回奇数羽状复叶，圆锥花序藏在叶间

花丝筒侧剖图，可见内壁有柔毛，内侧是绿色雌蕊

花丝筒正面，外圈的深紫色裂片围绕着花药

圆锥花序的一部分

花朵解剖图

花瓣淡紫色，倒卵状匙形

一年春事尽

花序的一部分

如何观察身边的花：有趣的植物解剖图鉴

夏之花

贰

Summer Flower

经过了繁盛的春，就来到了热烈的夏。或许你已经发现了，其实和花相识的过程，和与人相识的过程大致是一样的。常说看植物可以看"气质"，有时我想，也许在夏天里最能辨别什么是真正的清冷和自由，什么是真正的热烈和矜贵。遇见栀子，感觉像面前有一汪蓝绿色的冷泉；遇见朱槿，像看见火焰在枝头燃烧。再微小的气质都在夏日的热浪里被一级一级地扩大着。

其实和花相识的过程，也无法离开与人的羁绊。我说想要果园池塘里的莲，父亲便立马沿着小路走下水里去了，我看着他伸手去够莲叶，又去采未开的莲花，开心得好似顽皮孩童。那天是父亲节，却是父亲送给女儿一怀抱的莲。

光是识破了"花"招还不够，每种植物能在自然中繁衍也是有真本事的。于是我还想告诉你，夏天的花朵更懂得夜的黑：昙花在夜里揭开白色面纱；合欢在夜间要收起扇子般的叶片；红睡莲在夜晚要合拢，等一夜的好梦。这是独属于夏的秘密。

花背面

馨香四溢

栀子花洁白清香，盛夏时节，在野外见到单瓣的栀子，像遇到一汪冷泉，让人在酷暑中感到丝丝凉意。杨万里描述其"幽馥暑中寒"，写的大概就是这种感觉。花冠白色或乳黄色，正面看似正六边形，有匀称的几何美。栀子的花香是无可比拟的，萦绕却不刺鼻。但是栀子却不满足于做花瓶中的美人，它的果实是我国重要的黄色染料，在《史记》中便有记载。

栀子

野栀子

Gardenia jasminoides

茜草科栀子属

灌木

花期：3~7 月

株高：0.3~3m

常见地：山间、灌丛

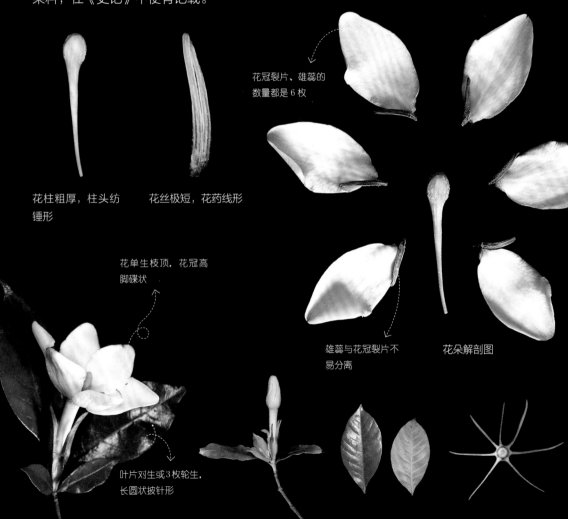

花冠裂片、雄蕊的数量都是 6 枚

花柱粗厚，柱头纺锤形

花丝极短，花药线形

花单生枝顶，花冠高脚碟状

雄蕊与花冠裂片不易分离

花朵解剖图

叶片对生或3枚轮生，长圆状披针形

花苞

叶片有光泽

花萼顶部 5~8 裂，裂片披针形

荒野烛台

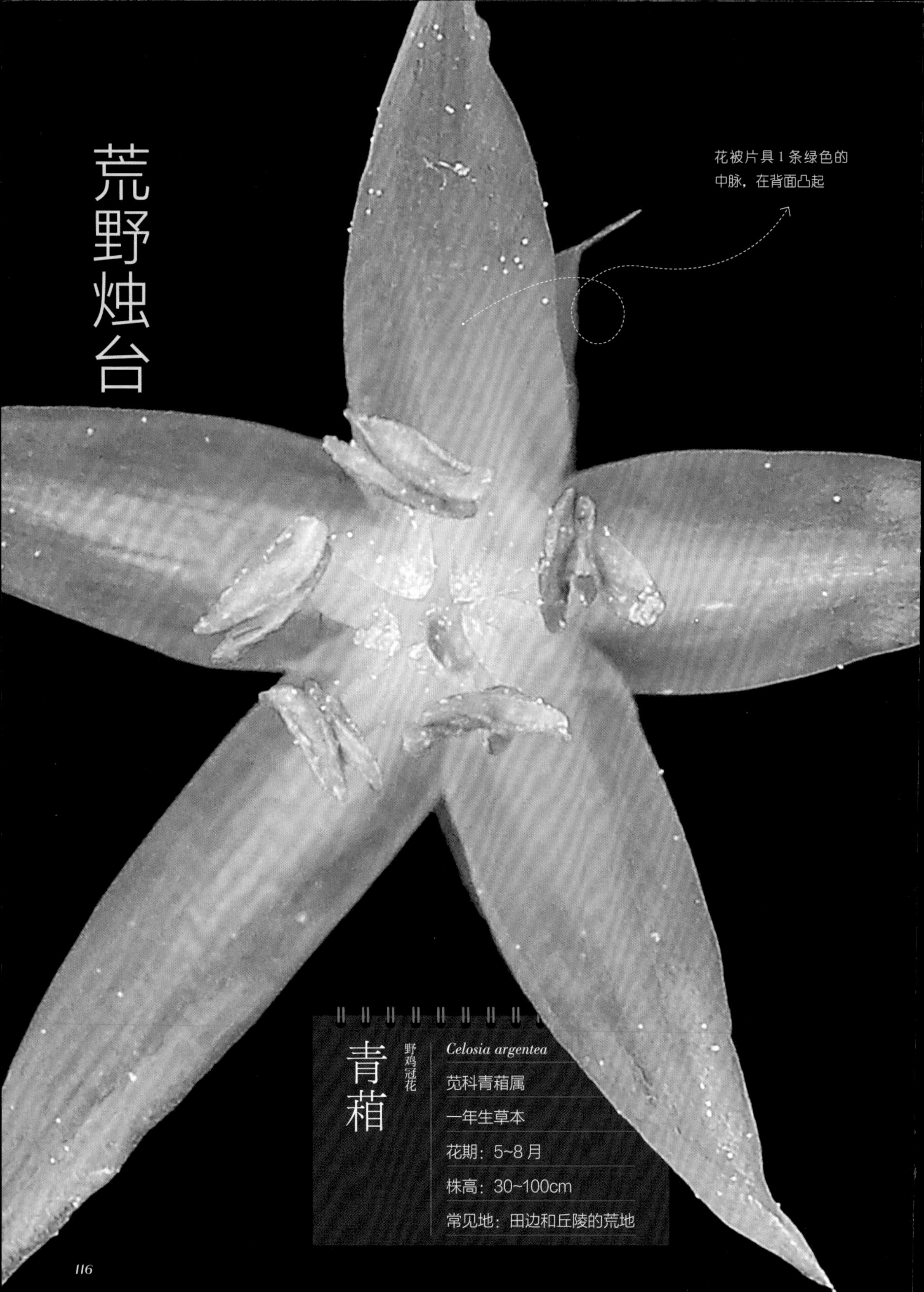

花被片具 1 条绿色的
中脉，在背面凸起

青葙

野鸡冠花

Celosia argentea

苋科青葙属

一年生草本

花期：5~8 月

株高：30~100cm

常见地：田边和丘陵的荒地

青葙名字风雅，长的也是。它像一个烛台，点着一根根顶端带粉色的白色蜡烛。这"蜡烛"其实是它的穗状花序，小花自下向上开放，未开的花朵粉色更深，花后变成白色，整个花序由粉渐变到白。苋科植物的花被片都是干膜质的，所以花序宿存，经久不凋。种子可供药用，有清热明目的作用，称作"青葙子"。

穗状花序

植株全株无毛，茎直立

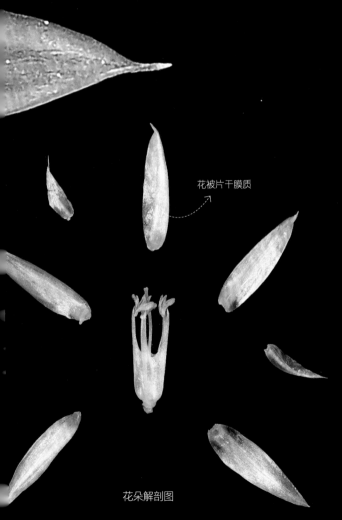

叶片常带红色，顶端急尖或渐尖

花被片长圆状披针形，侧看像一把把尖刀

花被片干膜质

胞果像盖子一样开裂，露出里面的种子

种子凸透镜状肾形，光亮

花朵解剖图

花柱紫色

花药紫色，花丝基部联合

树木消防员

木荷最外层的一片花瓣和其他四片不同，植物学上称为"风帽状"，像是后背上的帽子。在初夏的亚热带常绿阔叶林里，常能见到大片整朵掉落的木荷花。木荷被称为"树木消防员"，因为它的树叶含水量很高，枝干油脂含量极少，不易燃烧，在遇到森林火灾时不仅不会被烧死，还能够成为一堵高大的防火墙，阻断火势蔓延。

最外面风帽状的花瓣在花蕾期完全包着花朵

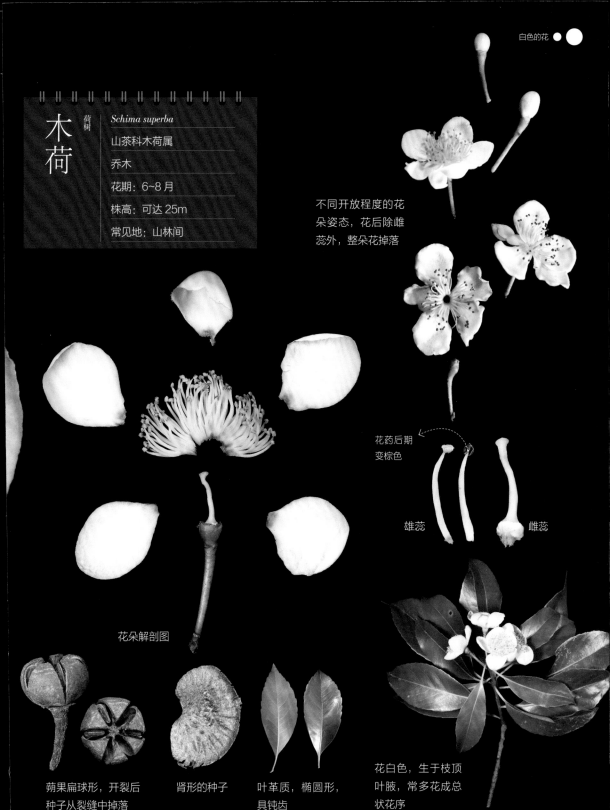

木荷

荷树

Schima superba

山茶科木荷属

乔木

花期：6~8 月

株高：可达 25m

常见地：山林间

不同开放程度的花
朵姿态，花后除雌
蕊外，整朵花掉落

花药后期
变棕色

雄蕊　　　　　雌蕊

花朵解剖图

蒴果扁球形，开裂后
种子从裂缝中掉落

肾形的种子

叶革质，椭圆形，
具钝齿

花白色，生于枝顶
叶腋，常多花成总
状花序

大花糯米条也叫大花六道木，是糯米条与蓪梗花的杂交种。它的白色花朵繁密雅致、芳香怡人，但因为在南方广泛地被当作绿篱种在大街上，且常沾上机动车道上飘扬的灰土，所以人们常常对它的美视若无睹。花凋落后，萼片染上粉红色，比花朵还有观赏性，能够一直留存到冬季。适应性很强，也耐修剪，是不可多得的园林观赏树种。

大花六道木

Abelia × grandiflora

忍冬科糯米条属

灌木

花期：6~10 月

株高：1~2m

常见地：园林绿化带

大花糯米条

像风轮一样的花萼，花后慢慢变成粉红色

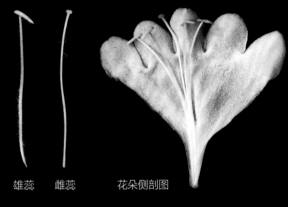

雄蕊　雌蕊　　花朵侧剖图

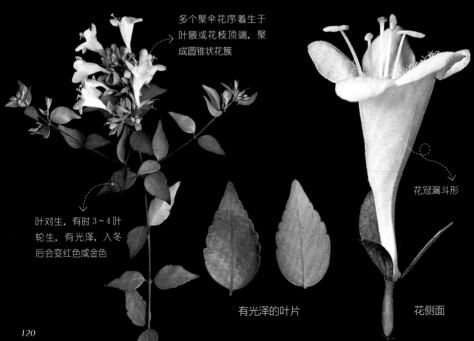

多个聚伞花序着生于叶腋或花枝顶端，聚成圆锥状花簇

叶对生，有时 3~4 叶轮生，有光泽，入冬后会变红色或金色

花冠漏斗形

有光泽的叶片

花侧面

120

花药略带粉色

软糯可人

花冠内有细碎
的茸毛

花正面

踏月披纱
冰肌玉骨

盛开的花朵　　　　　已经开败的花朵

昙花

Epiphyllum oxypetalum

仙人掌科昙花属

附生肉质灌木

花期：6~9月

株高：2~6m

常见地：庭院

昙花开放时，花托慢慢翘起，最外一层的粉红色萼状花被片缓缓打开，紧接着，内层乳白色的瓣状花被片也徐徐向外舒展，幽香沁人。昙花夜晚开放是因为它原产于热带沙漠地区，只有在晚上开放才能避免白天强烈阳光的烤灼，且昙花属于虫媒花，沙漠地区晚上正是昆虫活动频繁之时，正好可以传粉。它的花期很短，只有几个小时，人们常用"昙花一现"来比喻美好易逝。其实仙人掌科的植物都有这个特点，在环境适合的时候急忙开花、授粉，而后凋零。

花粉需要通过超20cm长的白色花柱才能到达子房

从内到外的花被片

花丝白色，底部聚合

柱头15~20，狭线形，柔软，有黏性

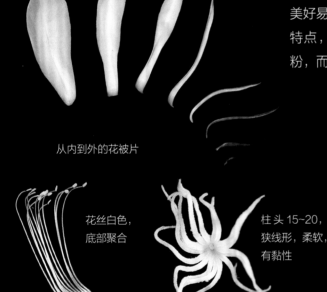

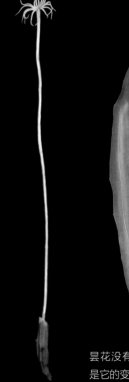

将花朵侧面解剖展开，好似一顶王冠

昙花没有叶子，这是它的变态茎

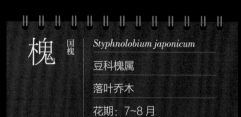

槐 国槐

Styphnolobium japonicum

豆科槐属

落叶乔木

花期：7~8 月

株高：可达 25m

常见地：公园或道路旁

荚果念珠状，一串串像是糖葫芦，肉质，不裂

旗瓣近圆形

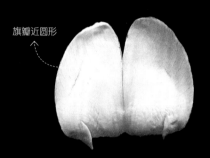

花萼钟形，像是一个绿色的毛线帽，紧紧套在花朵上

花蕾淡绿色，又称槐米

翼瓣卵状长圆形

羽状复叶

龙骨瓣阔卵状长圆形

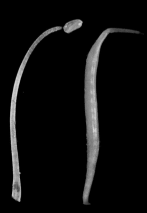

蝶形花解剖图　　雄蕊　　雌蕊

124

圆锥果序，呈有点
稀疏的宝塔状

花正面

位比三公

槐花并非纯白，通身浑厚如玉，中央缀一
点淡黄绿色。槐古朴高大，自先秦就融入
我国传统文化之中，既寓意吉祥，又象征
三公之位，受到历代文人墨客的青睐，形
成了独特的"槐文化"。槐树优美，槐花
沁雅，是优良的行道树和蜜源植物，植株
各个部分都可以入药。槐花用途颇多，南
方的"碱水粽"便是用槐花煲水，给糯米
上色，使得粽子呈金黄色。

姜花并不是我们平时吃的姜（*Zingiber officinale*），虽然是草本植物，但高1~2m。穗状花序顶生，每个苞片有两三朵洁白或略带黄色的花，宛如在手指尖停留的翩翩白蝶，从朝到暮，散发阵阵清香，所以姜花又叫作"蝴蝶姜"，欧美也称之为"蝴蝶百合"。姜花不耐寒，在我国，其野外生长地最北仅至长江地区，而在福建、广东地区生长比较好。姜花是古巴和尼加拉瓜的国花。

顶生穗状花序

花冠管细长，将花朵高高举起

唇瓣

花萼管状

侧生退化雄蕊花瓣状

1枚可育雄蕊

花朵解剖图：花由1枚硕大的唇瓣和两侧退化的雄蕊组成，还有3枚花萼管和1枚可育雄蕊

花萼管　　细长的可育雄蕊

冷香阵阵

蝴蝶姜
姜花

Hedychium coronarium

姜科姜花属

多年生草本

花期：8~12 月

株高：1~2m

常见地：公园、庭院

作家林清玄说姜花的叶子"像船一样，随时准备出航"

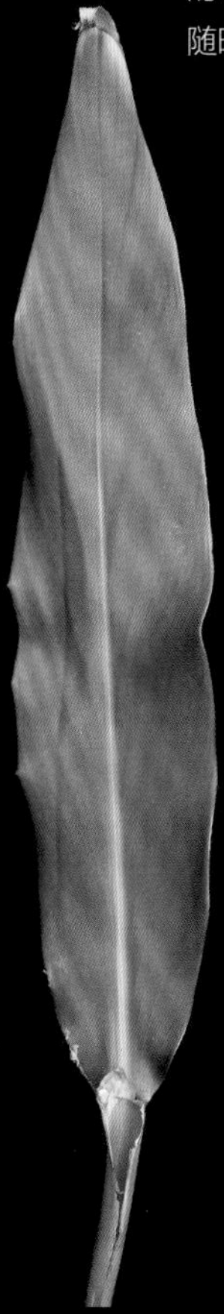

苞片覆瓦状排列，像是合拢的指尖
↑

花朵侧面图

蓝花丹常被叫作蓝雪花，但其实蓝雪花是另一种植物，属于蓝雪花属。蓝花丹独特的青蓝色花朵，透露着冷淡和忧郁，但穗状花序簇拥在枝头如绣球状，又添了几分娇俏。蓝花丹是园艺界的宠儿，几乎在全世界的花园里都能发现它。蓝花丹萼筒上半部着生腺体，像是狼牙棒，这些腺体有黏性，能粘在动物身上帮助种子传播。

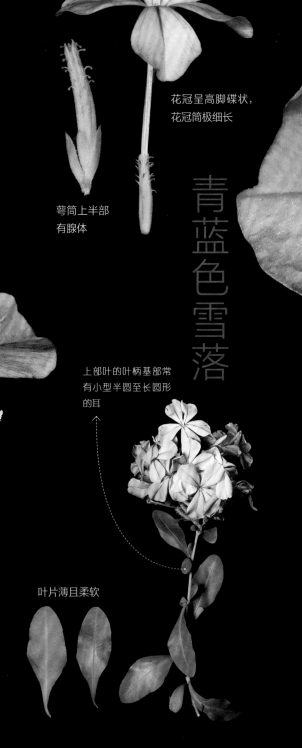

花冠呈高脚碟状，花冠筒极细长

萼筒上半部有腺体

青蓝色雪落

雌蕊

雄蕊略露于喉部之外

柱头分叉

花药

上部叶的叶柄基部常有小型半圆至长圆形的耳

叶片薄且柔软

花冠裂片中央有一条
深紫色的线

蓝雪花

Plumbago auriculata

蓝花丹

白花丹科白花丹属

常绿亚灌木

花期：几乎全年

株高：1~2m

常见地：公园、庭院

花苞

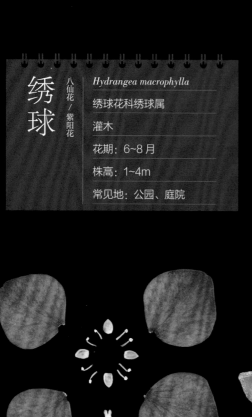

绣球

八仙花／紫阳花

Hydrangea macrophylla

绣球花科绣球属

灌木

花期：6~8 月

株高：1~4m

常见地：公园、庭院

叶片边缘具粗齿，
叶脉明显

孕性花藏在此处 ←┄

不育花解剖图

孕性花解剖图

不育花萼片 4 枚，中央有不孕花

不育花的雌蕊、雄蕊

不育花正面

孕性花的雌蕊、雄蕊

孕性花侧面图

绣球的花色跟土壤的酸碱度有关，在酸性土壤中，会开出蓝色系的花，在碱性土壤中会开出红色系的花。在栽培绣球时，为了得到梦幻的蓝色花，可以用化学试剂人为改变绣球的颜色，这种方法叫作"调蓝"。我们第一眼看到的四片"花瓣"其实是不育花的萼片，四片萼片中间的小小的是不育花，已经不能繁衍后代。真正的孕性花又小又少，藏在花序内侧。

花开无尽予清凉

伞房状聚伞
花序近球形

131

夜合一树　散垂如丝

远看合欢花朦胧又含蓄，折扇般的花，摸起来像是小绒球，非常可爱。其最醒目的粉白渐变的部分是花丝而不是花瓣。嵇康《养生论》中写道"合欢蠲忿，萱草忘忧"，这并非凭空捏造，合欢确实有安神解郁的功效。当天色昏暗时，合欢叶就像舒展的大扇子合起来了一样，古人称其"合昏"，现代称为"感夜性"。当合欢叶片基部细胞感受到光线的变化时，就会给上下结构不同的细胞带来刺激，从而调整叶片张开的方向，减少热量的散失和水分的蒸发。

头状花序于枝顶排成
圆锥花序

合欢 合昏 *Albizia julibrissin*

豆科合欢属

落叶乔木

花期：5~8 月

株高：可达 16m

常见地：公园或道路旁

这里是合欢真正的花
冠，已经合生成筒状，
花冠裂片三角形

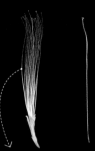

粉红色的是　雄蕊
花丝，是雄
蕊的一部分

"小绒球"不是一
朵花，而是很多小
花组成的头状花序

花苞

二回羽状复叶，叶
片细小如羽

带状荚果

133

第一眼还以为是风吹落一半的花，实际上正如其名，只开半边。是大自然创造它时过于潦草吗？实际上恰恰相反，这正是半边莲的生存智慧：半边的花冠能露出中间草绿色的斑点，这是蜜源标记，能引导昆虫停落在此，昆虫向花冠内钻时，悬挂于上方的花蕊像打桩机一样把花粉打在昆虫的背上。半边莲通常匍匐生长，节上生根，在地上开成一片，似是鸟群在绿色的天空遨游。

半边莲

急解索

Lobelia chinensis

桔梗科半边莲属

多年生草本

花期：5~10 月

株高：6~15cm

常见地：水田边和潮湿草地

只开半边

花丝中部以上连合
成鸟喙状

花冠粉红色或白
色，中央绿色

花侧面看像单人沙发

雌蕊上有柔毛

子房侧剖图

最外面的两片裂片左右伸
展，如鸟的翅膀，中央三
片更紧密些，如鸟的尾羽，
而中央的花蕊，如鸟头

叶片几乎没有叶柄

茎节上生根，
分枝直立

135

月下见美人

花瓣 4，具暗色纹脉，初开时淡粉色，后颜色加深

粉晚樱草

美丽月见草

Oenothera speciosa

柳叶菜科月见草属

多年生草本

花期：5~11 月

株高：40~50cm

常见地：公园、花坛

月见草属的植物大多是夜晚开放白天闭合，取见月方开之意。美丽月见草却是特例，白天也会开花，但在午后烈日炎炎之际，它的花也倾向于闭合。四片粉色的花瓣组成了一个浅浅的碟子，花瓣上有红色脉络，基部黄绿色，花柱不挺立而是靠着花瓣。美丽月见草的颜值非常高，花朵成片开放，非常梦幻。它原产于北美，具有强悍的自播能力，已经在我国多地逸生。

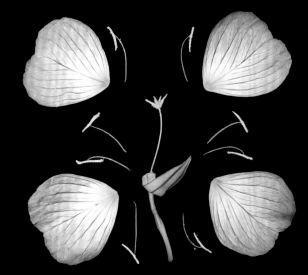

花朵解剖图

花柱白色，柱头 4 裂

花药丁字着生，花粉粒彼此间有孢间连丝连接

雄蕊　　　雌蕊

萼片顶端联合，开花时反折

披针形叶互生

二　水中举

莲 ^{荷花} *Nelumbo nucifera*

莲科莲属

多年生水生草本

花期：6~8月

株高：1~2m

常见地：公园水池、莲塘

138

莲的名字有很多，李时珍在《本草纲目》中写道："莲者，连也，花实相连而出也"，非常符合它在植物学上独一无二的特性，所以《中国植物志》选用"莲"作为它的正式中文名。莲有趣的地方非常多，比如莲叶具有自洁效应，水在莲叶上能自动形成滚珠，这是因为莲叶上生有无数个微/纳米级的乳突结构，同时表面覆着一层疏水的蜡，水会被突起和蜡与表皮细胞隔离开，形成滚珠，把叶表面的脏东西带走。

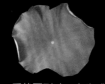

盾状圆形叶，古称"蕸"

叶柄/花柄中空，利于在水中呼吸

叶柄/花柄古称"茄"，中间有丝连接

圆锥形花托　　花丝细长

花朵解剖图

待放之花蕾，古称"菡萏"

绽放之花貌，古称"芙蓉"

莲子是椭圆形坚果，古称"泽芝"

莲蓬正面

膨大的海绵质花托，称为莲蓬

秋英是株高有一两米的瘦高个，风吹过纤细的茎，花朵也随之摇摆，茎叶青翠，花色多样，成片种植会给人以震撼之感。因为有一位叫张荫棠的大臣将秋英带到了拉萨，所以西藏地区也称秋英为"张大人花"。舌状花颜色多变，能在一小片秋英中看见六七种不同的花色，不变的是中心黄色的管状花，像头戴的金饰。

秋英 格桑花／波斯菊

Cosmos bipinnatus

菊科秋英属

一年生或多年生草本

花期：6~8 月

株高：30~200cm

常见地：公园和花坛

舌状花

管状花

叶二回羽状深裂

舌状花紫红、粉红或白色

管状花花冠

管状花

雌蕊

聚药雄蕊

大花马齿苋

太阳花 / 半支莲

Portulaca grandiflora

马齿苋科马齿苋属

一年生草本

花期：6~9 月

株高：10~30cm

常见地：花坛、庭院

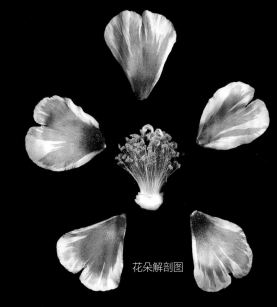

大花马齿苋原产于南美，因太好养护，很快便走进了中国的千家万户。大花马齿苋的生命力顽强，别名"死不了""掐尖活"。其叶片肉质细长像松叶，故园艺上又称"松叶牡丹"。小时候，我们常叫它"太阳花"，大概是因为它早开晚闭，阳光愈是热烈，花朵就盛开得愈灿烂娇艳。热爱阳光，无畏暴晒。

花朵解剖图

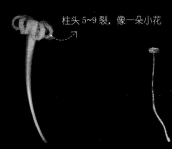

柱头 5~9 裂，像一朵小花

沾满花粉的雌蕊　　　雄蕊

叶状总苞轮生

萼片 2

花蕊

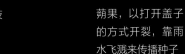

茎紫红色，多分枝

蒴果，以打开盖子的方式开裂，靠雨水飞溅来传播种子

像松针的叶片　叶枝

花被裂片 6 枚

韭莲
红花葱兰／风雨花

Zephyranthes carinata

石蒜科葱莲属

多年生草本

花期：6~10 月

株高：15~30cm

常见地：公园、庭院

子房 3 室，发育成
的果实也 3 室

蒴果

韭莲的叶如韭菜、花如莲，因而得名。相比于其他难以复花的球根类植物，韭莲、朱顶红、葱莲和紫根兰（漏斗曲管花），以其种植简单、花美艳、花期长的优点被称为"中国四大土球"。艳丽粉嫩的韭莲还被叫作风雨花，因其在风雨前开花旺盛，可以预报天气，但以我种植观察多年的经验发现，这并不准确，反而是雨后水分充足时开花更加旺盛。

"中国四大土球"之一

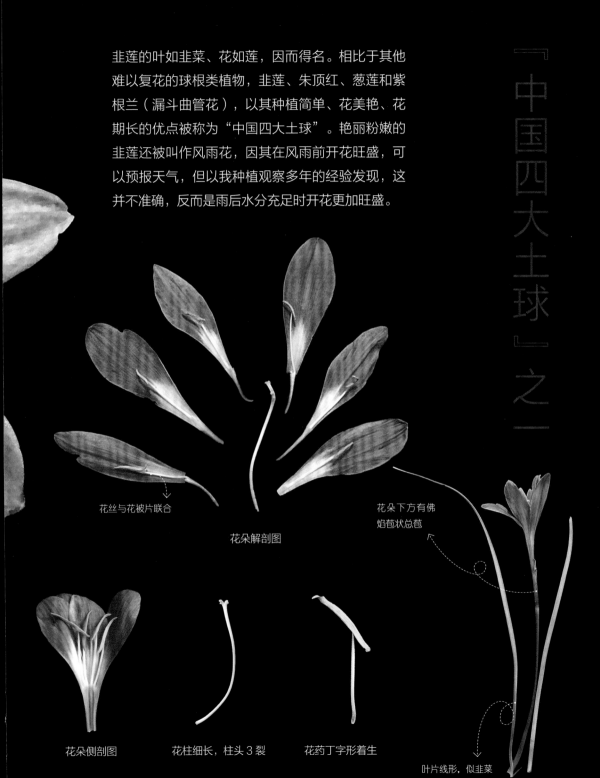

花丝与花被片联合

花朵解剖图

花朵下方有佛焰苞状总苞

花朵侧剖图

花柱细长，柱头 3 裂

花药丁字形着生

叶片线形，似韭菜

柿是雌雄异株的植物，本书记录的为雌花。雌花单生叶腋，花冠壶形或近钟形，像是一个被绿色叶子包裹着的小瓷瓶，绿色的花萼比花冠还要显眼，最后成了柿蒂。雌花与数字4很有联系，花萼和花冠4裂，退化雄蕊8枚，柱头4裂，子房4棱，连果实也近似四方形。在草木凋零的秋冬，黄澄澄的柿子独挂秋空，悬霜照彩，成为一道靓丽的风景。

柿 柿树

Diospyros kaki

柿科柿属

落叶乔木

花期：5~6 月

株高：14~27m

常见地：果园、路边

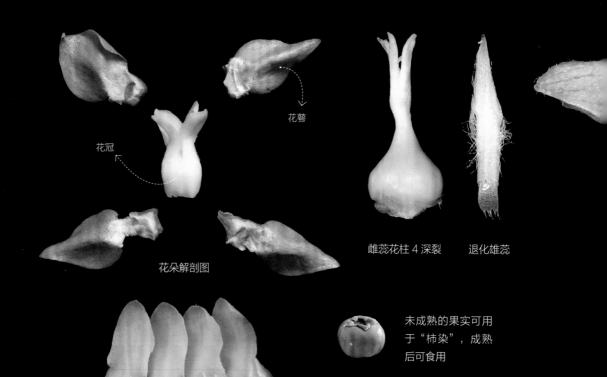

花萼

花冠

花朵解剖图

雌蕊花柱 4 深裂　　退化雄蕊

未成熟的果实可用于"柿染"，成熟后可食用

雌花花冠解剖图：具 8 枚退化雄蕊，着生在花冠管的基部

雌花单朵腋生于叶枝的背面

叶纸质，有光泽，书法家郑虔曾用柿叶代纸练习书法

柿的花萼比花
冠大很多

独挂秋空

事事如意

花侧面

金丝桃原产于我国中部及南部地区，明代古籍《滇南草本》中就有关于它的记载。其花蕊铺散花外、灿若金丝，花朵形状很像桃花，因而得名。花瓣与雄蕊群同为金色，二者几等长，花瓣略向下反卷，而细密的雄蕊群向上延伸，春末夏初之际，仿佛一只只金蝴蝶在绿叶丛中蹁跹。

金线蝴蝶

金丝桃

Hypericum monogynum

金丝桃科金丝桃属

灌木

花期：5~8 月

株高：0.5~1.3 米

常见地：园林绿化带

雄蕊 5 束，称为
"多体雄蕊"

花朵解剖图

铺散花外

若金灿然

叶对生，几无柄

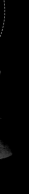

雌蕊柱头顶端有五
个分叉

雄蕊

子房横切图

开裂的蒴果

纤细的雄蕊与花瓣几等长，微微翘起，似蝴蝶的触角

叶片背面淡绿色

花盛开后，花瓣略向下反卷

聚伞花序密生于顶端

玉叶金花因其"叶片"雪白如玉、花朵灿若黄金而得名。但其实这片雪白的叶状物并不是叶片，而是5枚萼裂片中比较大的一枚，其功能是扩大面积以吸引传粉昆虫。玉为雅，金为贵，一种植物将金玉之气融于一身，是何其雅贵！玉叶金花的茎叶有清凉消暑、清热疏风的功效，可供药用或晒干代茶叶饮用。

5枚萼裂片中有1枚极显眼，呈花瓣状，通常称"花叶"

花苞

花侧面

叶片先端渐尖

5枚雄蕊，花药线形

雌蕊

花冠管侧剖图

花冠管内面喉部密被黄色棒形毛

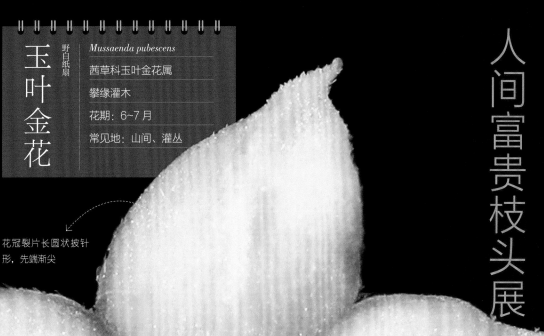

人间富贵枝头展

玉叶金花 野白纸扇

Mussaenda pubescens

茜草科玉叶金花属

攀缘灌木

花期：6~7月

常见地：山间、灌丛

花冠裂片长圆状披针形，先端渐尖

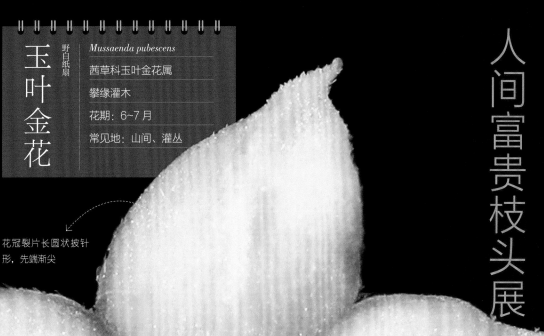

151

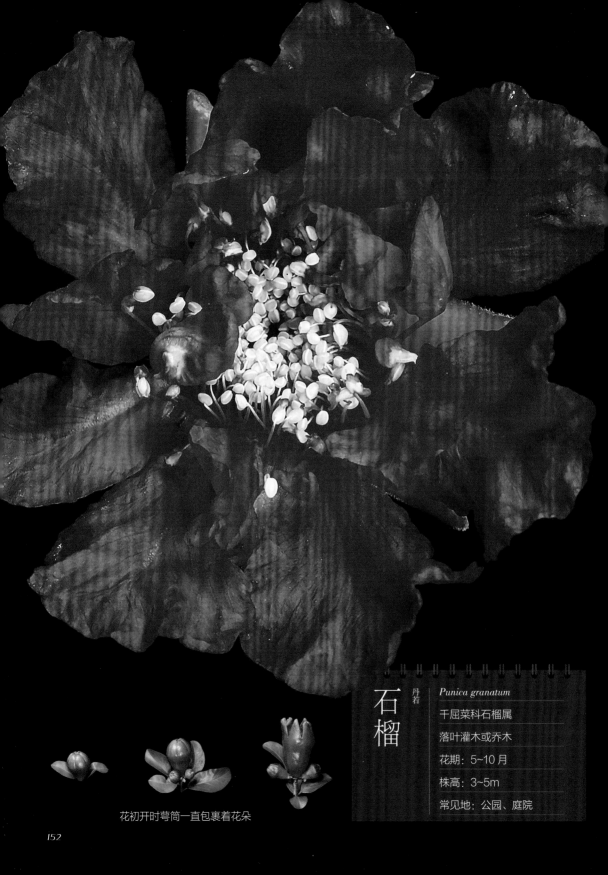

石榴 ^{丹若}

Punica granatum

千屈菜科石榴属

落叶灌木或乔木

花期：5~10 月

株高：3~5m

常见地：公园、庭院

花初开时萼筒一直包裹着花朵

榴花开欲燃

很少有像石榴这样热烈燃放的花朵，诗文称其"榴火"，其赤红如火的颜色，使人心甘情愿"拜倒在石榴裙下"。石榴的花瓣如丝绸一般柔软，硬质的萼筒刚开始包裹着花朵，花瓣掉落后又跟子房壁一起发育成石榴的果皮，包裹住晶莹的石榴籽。石榴果实"千房同膜，千子如一"，自古以来就被视为吉祥之物，有"多子多福"的寓意，在一些传统雕刻中也常可见石榴果实。

花朵侧面图

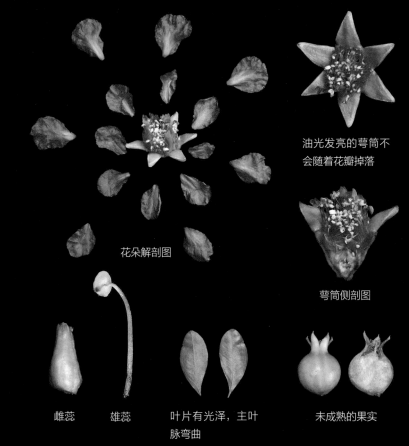

花朵解剖图

油光发亮的萼筒不会随着花瓣掉落

萼筒侧剖图

雌蕊　雄蕊　　叶片有光泽，主叶脉弯曲　　未成熟的果实

花常生于枝顶或叶腋

朱槿花瓣轻薄而纤美，花蕊长长地伸出花外，上方缀以金屑般的雄蕊和红绒球般的柱头，《南方草木状》形容其："日光所烁，疑若焰生"，好似阳光点着了团团火焰。古时朱槿又被叫作"扶桑"，此名最早可追溯到《山海经》里东海日出处的扶桑树，《本草纲目》中对此有解释，说朱槿叶似桑，花朵光艳照日，因此得名。

朱槿
大红花／扶桑

Hibiscus rosa-sinensis

锦葵科木槿属

常绿灌木

花期：几乎全年

株高：1~3m

常见地：公园、庭院

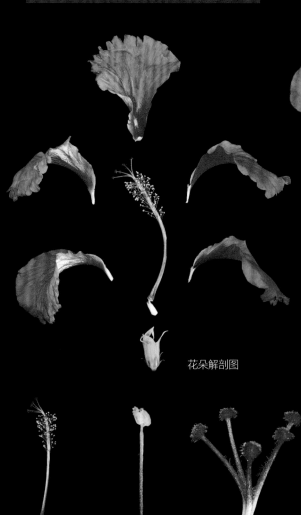

萼钟形，被星状柔毛，裂片5

苞片6~7，线形

花冠漏斗形

花朵解剖图

花朵朝开暮落，每日花开不断

叶边缘具粗齿或缺刻

单体雄蕊，雄蕊的花丝下部彼此联结成筒状，而花药分离

花药金色

花柱5裂，顶端像5个红绒球

154

日光所烁

疑若焰生

尼罗河的新娘

红睡莲

Nymphaea alba var. Rubra

睡莲科睡莲属

多年生水生草本

花期: 6~8 月

株高: 浮于水面

常见地: 公园水池

古埃及人称睡莲为"尼罗河的新娘"，它的属名Nymphaea由拉丁文nymph衍生而来，意为"居住在水泽中的仙女"。大部分睡莲清晨开放，到了夜晚就会合上花瓣，因而又被称为"花中睡美人"。但有一部分热带非洲的睡莲和齿叶状的睡莲是夜开朝闭，可能是为了适应传粉昆虫的活动规律，或者避免烈日的灼伤。睡莲和莲虽然花型相似，但实际上二者亲缘关系十分遥远。

花苞和茎连在一起，像是一个箭头

睡莲的浮水叶，基部有一个缺口

茎中空，可以运输更多的氧气

花朵解剖图：萼片、花瓣、雄蕊在花托和子房壁的上方呈螺旋排列

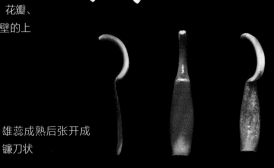

雄蕊成熟后张开成镰刀状

心皮合生，杯状花托愈合，可见里面孕育的种子

红千层原产于澳大利亚，我国华南地区有引种栽培。红千层树如其名，远看层层红花满树，红艳如火。凑近细看，它的穗状花序像是洗瓶子的刷子，所以喜提外号"瓶刷木"。它真正的花瓣是绿色的，隐藏在"瓶刷"的底部，红色部分是它的花丝和花柱，正是稠密的花丝，使其穗状花序看起来像一支支鲜红的"瓶刷子"。红千层很耐热，还是一种香料植物，小叶可以提取精油。

瓶刷木

红千层

Callistemon rigidus

桃金娘科红千层属

小乔木

花期：6~8 月

株高：1~2m

常见地：公园、庭院

花瓣绿色、卵形

花侧面图：上方红色的是花蕊，底部绿色的是花瓣

雄蕊，花药暗紫色

雌蕊

还未开放的穗状花序

树上挂满红瓶刷

穗状花序生于枝顶

叶片坚革质，叶柄
极短

159

地棯（rěn）是匍匐小灌木，不开花的时候十分不起眼。但开花后，可爱的淡紫色花朵点缀在绿叶上，绿地毯就变成了花地毯，让人不得不正视它的美。小时候见到地棯，常会先摘几颗酸甜可口的果实塞进嘴里，然后跟小伙伴们互相看被染紫的舌头，花再可爱也只能等会再看。地棯的花蕊分布不均匀，偏向一边。雄蕊为"异型雄蕊"，分为两种，其中一种药隔基部延伸、弯曲，像是鱼钩。令人不解的是，花美果甜的地棯竟一直在南方荒地野生，没有被广泛种植。

地棯
地棯

Melastoma dodecandrum

野牡丹科野牡丹属

匍匐小灌木

花期：5~7月

株高：10~30cm

常见地：山坡、草地

雄蕊一共 10 枚，靠近花心位置的 5 枚较短，花药黄色，是用来吸引昆虫的；外部 5 枚较长的像钩子一样，花药紫色，是用来产生花粉的

雄蕊　　　　雌蕊

植株像一块小毯子
匍匐在地上，实际
上是灌木

绿毯上的花与果

花瓣 6，皱缩，质地柔软，具长爪

紫薇
千日红 / 痒痒树

Lagerstroemia indica

千屈菜科紫薇属

落叶灌木或小乔木

花期：5~9 月

株高：可达 7m

常见地：园林绿化带

紫薇花开得团团簇簇，每微风至，皱缩的花瓣妖娇颤动，好像舞裙飞扬。花瓣通过"爪"与花盘相连，外面6根雄蕊与雌蕊相似，着生在花萼上，比其余的长得多。因为与"紫薇星"同名，紫薇在古代象征着仕途与官运，唐玄宗开元元年，将中书省改为紫薇省，里面的官员皆以紫薇冠名，比如"紫薇郎"白居易。紫薇还被叫作"痒痒树"，因为轻轻挠它的树干，枝叶会轻轻颤抖，好像在怕痒。

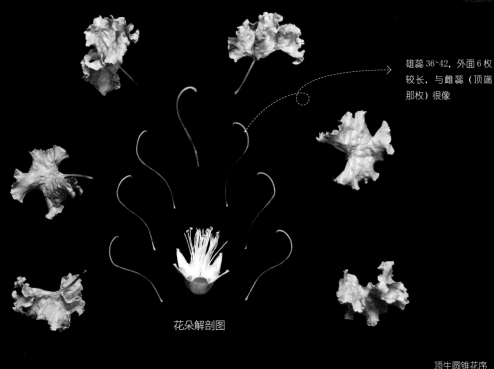

雄蕊 36~42，外面 6 枚
较长，与雌蕊（顶端
那枚）很像

花朵解剖图

花药易掉落

顶生圆锥花序

花萼平滑硬质，有 6
枚三角形裂片

花谢后只留雌蕊伸出

内侧的短雄蕊

雌蕊

皱皱的舞裙

叶片椭圆形、纸质

蒴果成熟干燥后会
开裂

163

6 片花被片的中央还有三个三角形的小尖，它们是副花冠

紫娇花小巧精致，有着淡雅高贵的紫色花朵，可是味道却非常"重口味"，像韭菜混合着大蒜的味道，让很多人闻而生畏。事实上，紫娇花除了花的颜色与韭菜不同之外，其余特征和中国人吃的韭菜十分相似，也可以食用。紫娇花虽然名字里带"娇"，事实上却很好养活，从春末至秋初能连续开花。

名娇花不娇

紫娇花

洋韭菜

Tulbaghia violacea

石蒜科紫娇花属

多年生草本

花期：5~7 月

株高：30~50cm

常见地：花坛、公园

顶生聚伞花序，每朵
花的花梗几乎等长，
整个花序像一把紫色
的小伞 ←

不同开放程度的花
朵姿态

花茎、叶片细长

花丝基部扁而阔，
与花朵结合在一起

雌蕊

雄蕊着生于花被基部

165

紫竹梅花叶皆紫，辨识度很高，淡紫色的花生于深紫色茎的顶端，被两片叶状苞片包裹着，通常每次只开一朵花，花朵在清晨开放几小时，近午间便凋谢。紫竹梅原产墨西哥，虽然结实率很低，但扦插的成活率却很高，凭借着生命力旺盛、好养易活的特性，迅速占领了大江南北。

紫竹梅

紫鸭跖草／紫竹三

Tradescantia pallida

鸭跖草科紫露草属

多年生草本

花期：5~11 月

株高：30~50cm

常见地：公园、庭院

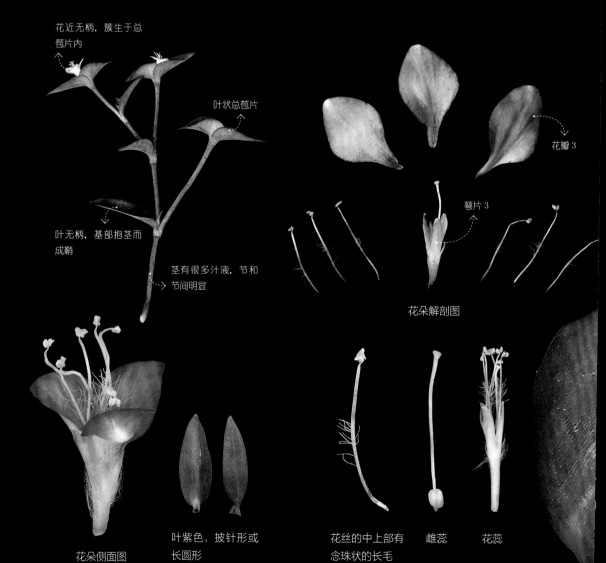

花近无柄，簇生于总苞片内

叶状总苞片

花瓣 3

叶无柄，基部抱茎而成鞘

茎有很多汁液，节和节间明显

萼片 3

花朵解剖图

花朵侧面图

叶紫色，披针形或长圆形

花丝的中上部有念珠状的长毛

雌蕊

花蕊

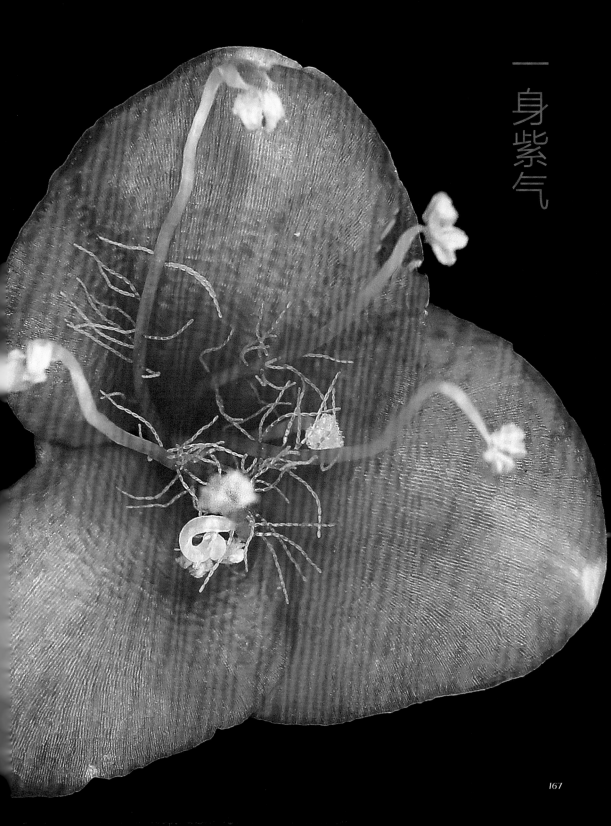

一身紫气

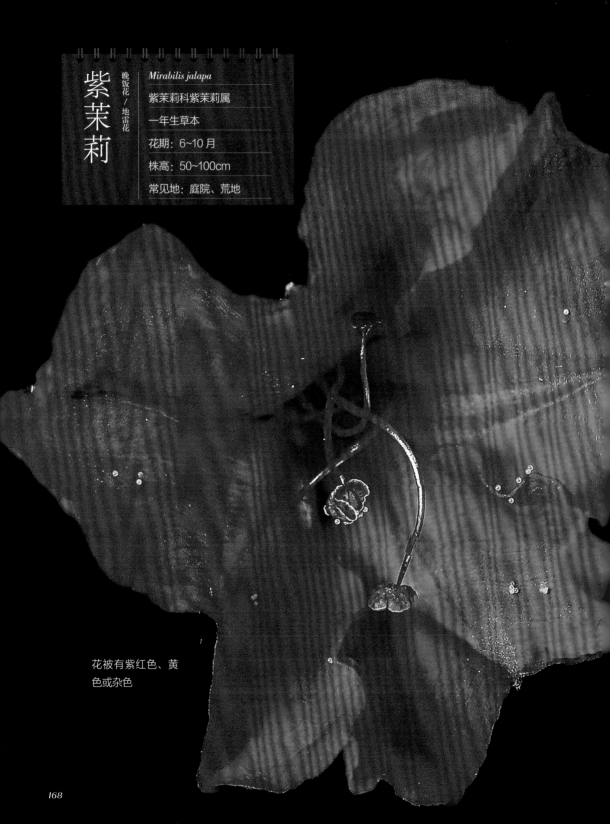

紫茉莉

晚饭花／地雷花

Mirabilis jalapa

紫茉莉科紫茉莉属

一年生草本

花期：6~10月

株高：50~100cm

常见地：庭院、荒地

花被有紫红色、黄
色或杂色

满是人间烟火

紫茉莉常常在傍晚开花，因而也被称为"晚饭花""洗澡花"，看到它总能让人想起放学后等着吃晚饭的美好童年。孩子们还会将花朵的花丝抽出一半，挂在耳边做耳坠。果实像一个迷你版的地雷，又称"地雷花"。种子胚乳白粉质，《红楼梦》里记载其种子可用来做化妆的粉底。紫茉莉原产于热带美洲，因其具有很强的自播能力，种子的发芽率很高，非常容易栽培，在我国南北各地都能见到它的身影。

植株高可达 1m，
花常数朵簇生枝顶

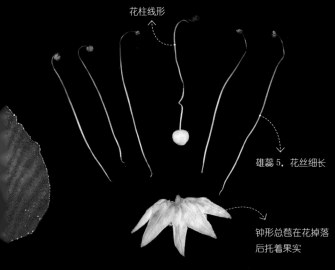

花柱线形

雄蕊 5，花丝细长

钟形总苞在花掉落
后托着果实

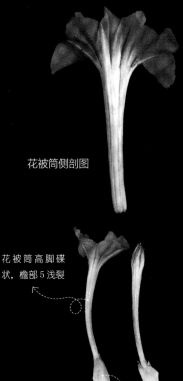

花被筒侧剖图

花 被 筒 高 脚 碟
状，檐部 5 浅裂

总苞钟形

瘦果未成熟时绿色，
成熟后变黑，表面
布满皱纹，很像小
地雷

果实内有粉质的种子

叶片先端渐尖，全缘

红花羊蹄甲为羊蹄甲和洋紫荆（宫粉羊蹄甲）的杂交种，1880年在我国香港首次被发现，我们常说的中国香港特别行政区的区花"紫荆花"其实就是红花羊蹄甲。盛花时节，无数花朵缀满枝头，如蝴蝶飞舞。红花羊蹄甲只开花不结果，只能扦插繁殖，可以说如今的每一棵红花羊蹄甲都是当年我国香港发现的那棵树的后代。它的花朵呈较深的红紫色，有5枚能育雄蕊，而羊蹄甲的花呈较浅的桃红色，有3枚能育雄蕊，可以此区分二者。

红花羊蹄甲

Bauhinia × blakeana

豆科羊蹄甲属

乔木

花期：几乎全年，3~4 月为盛花期

株高：7~10m

常见地：道路旁

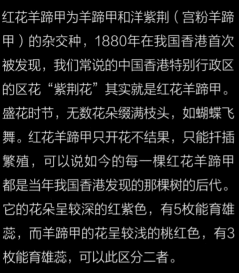

雌蕊

能育雄蕊五枚，三长两短，花丝粉色

中间的 1 枚花瓣中间至基部呈深紫红色

其余 4 枚花瓣上有白色脉络

花朵解剖图

花蕾纺锤形

总状花序顶生或腋生，有时复合成圆锥花序

叶革质，形状似羊蹄

花萼佛焰状，一侧从基部开裂

子房弯成镰刀状，后掉落

蝶舞枝头

花正面，像个紫色
五角星

永恒与无望的爱

不同开放程度的花朵姿态

桔梗的花苞鼓鼓的，像个小铃铛，又叫"铃铛花"。花冠漏斗状钟形，5裂，裂片三角形，开放的花朵像个五角星，裂片上深紫色的脉络清晰可见，可爱到让人心生欢喜。花色为纯净的蓝紫色，动人心魄，花语为"永恒的爱""无望的爱"。桔梗是朝鲜族人民喜爱的一种野菜，在东北地区常被腌制成咸菜。

桔梗 铃铛花

Platycodon grandiflorus

桔梗科桔梗属

多年生草本

花期：7~9月

株高：20~120cm

常见地：草地、灌丛

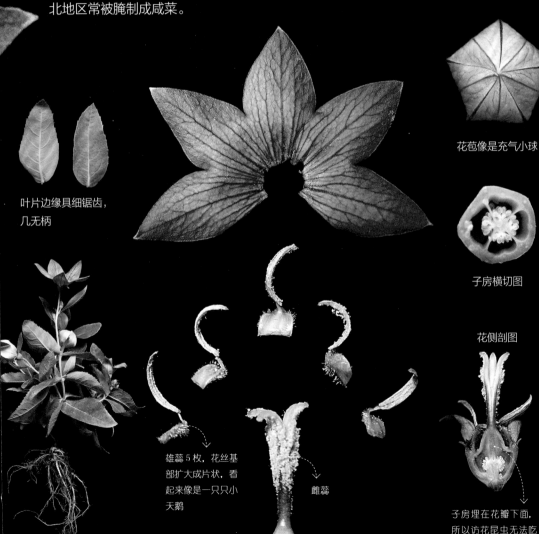

叶片边缘具细锯齿，几无柄

花苞像是充气小球

子房横切图

花侧剖图

雄蕊5枚，花丝基部扩大成片状，看起来像是一只只小天鹅

雌蕊

子房埋在花瓣下面，所以访花昆虫无法吃到未成熟的种子

全株具白色乳汁

花朵解剖图

朝昏看开落

花瓣 5，基部有深
紫红色斑点

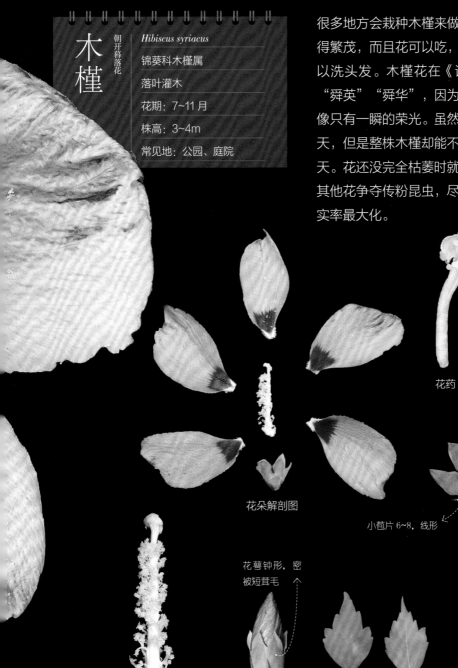

木槿

朝开暮落花

Hibiscus syriacus

锦葵科木槿属
落叶灌木

花期：7~11 月

株高：3~4m

常见地：公园、庭院

很多地方会栽种木槿来做绿篱，它不仅生得繁茂，而且花可以吃，叶子揉出汁液可以洗头发。木槿花在《诗经》中被称为"舜英""舜华"，因为它朝开暮落，好像只有一瞬的荣光。虽然一朵花只能开一天，但是整株木槿却能不知疲倦地开满夏天。花还没完全枯萎时就整朵落下，不与其他花争夺传粉昆虫，尽量保证整株的结实率最大化。

柱头 5 裂

花药　　　子房横切图

花朵解剖图

小苞片 6~8，线形　　　萼裂片 5，三角形

单体雄蕊像一株小树，上面缀满了花药

花萼钟形，密被短茸毛

花苞

叶边缘具不整齐齿缺

花朵像一个淡紫色的漏斗插在枝端叶腋

秋之花

叁

Autumn Flower

秋天的第一种愁，是繁花的告别，舍不得欣欣向荣的景象的情绪在秋天拉满。叶该落了，果也该熟了，那么花落尽了吗？其实并没有。每一种花都占据着自己的时间位，有的选择春夏争奇斗艳，有的偏选择在秋冬冒险。

很长的时间里，我都是独自去自然中探索，就像秋花给予人落寞之感。当我的朋友帮我一起拍摄美人蕉时，她高高地举着黑色的背景布冲着我笑，让我发现，原来这条路上还会出现很多与我同行的人。秋天，并不是通向败落的季节。

经过春夏的观察，我相信大家对植物学的一些基础知识已经不再陌生，但是从文献和书籍中得到的二手资料，远远不如亲自走进自然当中看到的让人印象深刻。不亲自挖出来看一看，怎么知道石蒜在土里藏着的鳞茎形似小灯泡；不亲口尝一尝，怎么知道美人蕉花朵里的蜜水多么清新甘甜；不亲自闻一闻，怎么知道靓丽的马缨丹花的味道却臭得让人避之不及……借由五感的体验，我们可以真正走进自然里，进入到一个美丽的植物王国。

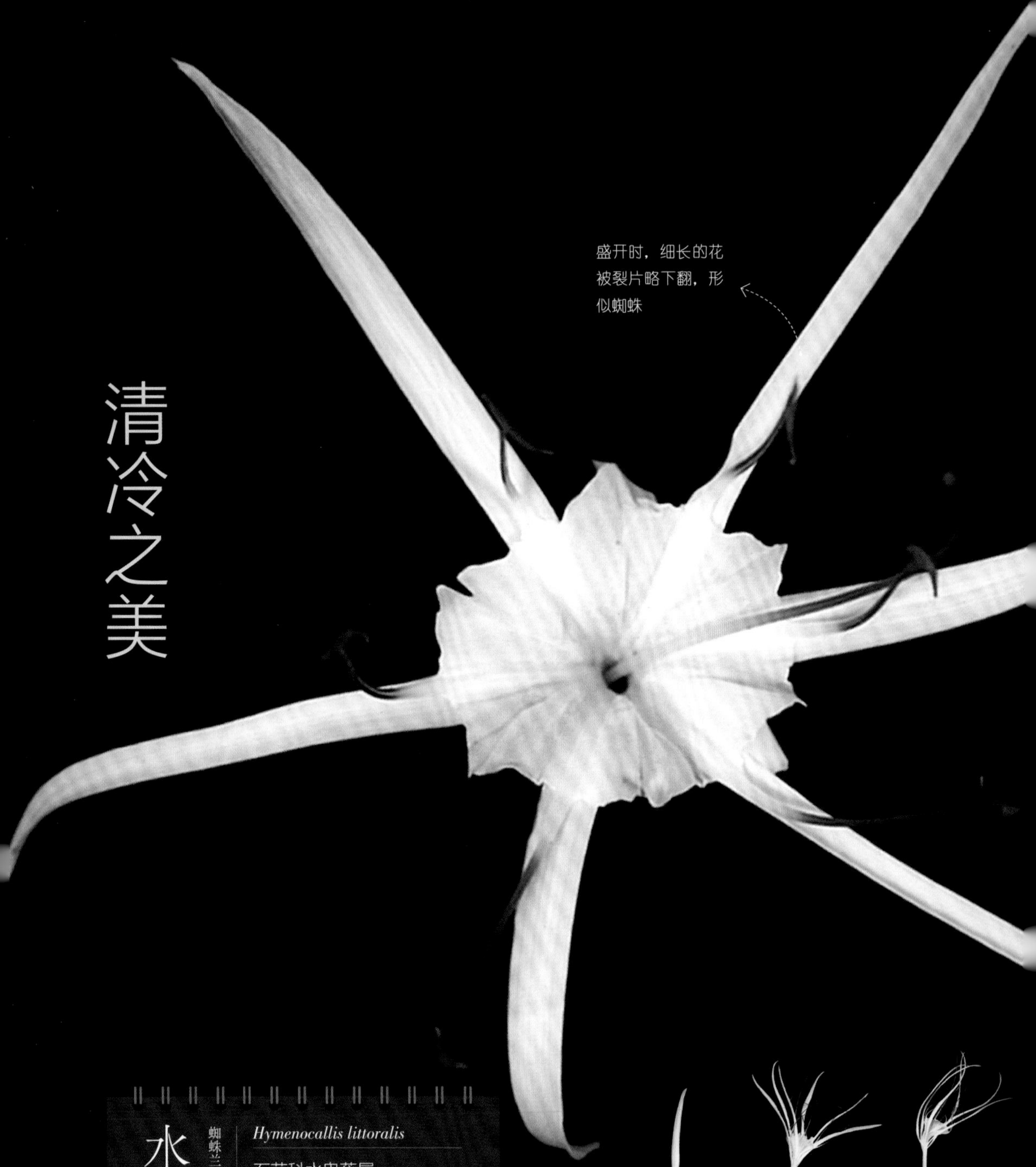

盛开时，细长的花
被裂片略下翻，形
似蜘蛛

清冷之美

水鬼蕉

蜘蛛兰

Hymenocallis littoralis

石蒜科水鬼蕉属

多年生草本

花期：8~10 月

株高：50~100cm

常见地：公园、庭院

不同开放程度的花朵姿态

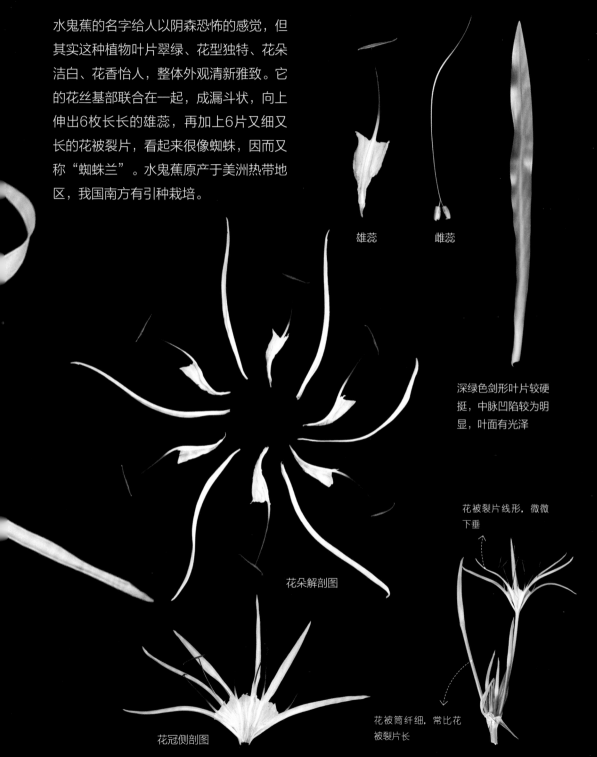

水鬼蕉的名字给人以阴森恐怖的感觉，但其实这种植物叶片翠绿、花型独特、花朵洁白、花香怡人，整体外观清新雅致。它的花丝基部联合在一起，成漏斗状，向上伸出6枚长长的雄蕊，再加上6片又细又长的花被裂片，看起来很像蜘蛛，因而又称"蜘蛛兰"。水鬼蕉原产于美洲热带地区，我国南方有引种栽培。

雄蕊

雌蕊

深绿色剑形叶片较硬挺，中脉凹陷较为明显，叶面有光泽

花被裂片线形，微微下垂

花朵解剖图

花被筒纤细，常比花被裂片长

花冠侧剖图

花被 5 深裂

Persicaria jucunda

蓼科蓼属

一年生草本

花期：8~9 月

株高：60~90cm

常见地：山坡草地、河边湿地

愉悦蓼

移舟过蓼岸

茎多分枝，花序顶生或腋生

"河堤往往人相送，一曲晴川隔蓼花"。在古代诗词中，蓼花常作为离别的象征，因为蓼属植物常生长在水边，古人在堤岸与人送别时，水边盛开的蓼花常能撩起古人的离情别绪。愉悦蓼的总状花序呈穗状，其上紧密缀着无数粉白色的花朵，花梗紫红色，红白相间，安静地开在水边，随风轻轻摇曳，清丽的姿容令观者身心愉悦。

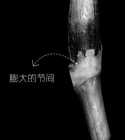

膨大的节间和透明的膜质托叶鞘都是识别蓼科植物的重要特征

膨大的节间

膜质的托叶鞘

总状花序呈穗状，紫红色的花梗托着白花贴着茎生长

雌蕊的花柱3，下部合生

雄蕊的花药很容易掉

花朵解剖图

花正背面颜色不同

一年常占四时春

长春花是一种优良的观赏植物，几乎全年都能开花。喜温暖，在长江以南地区的绿化带很常见，在北方地区则主要用于室内盆栽。长春花的品种众多，花色丰富。夹竹桃科的植物一般都有毒，长春花也不例外。长春花植株产生的白色汁液中含有生物碱，皮肤接触或摄入都会对人体产生损害，栽培时需注意。

长春花

Catharanthus roseus

夹竹桃科长春花属

半灌木

花期：几乎全年

株高：20~60cm

常见地：花坛、庭院

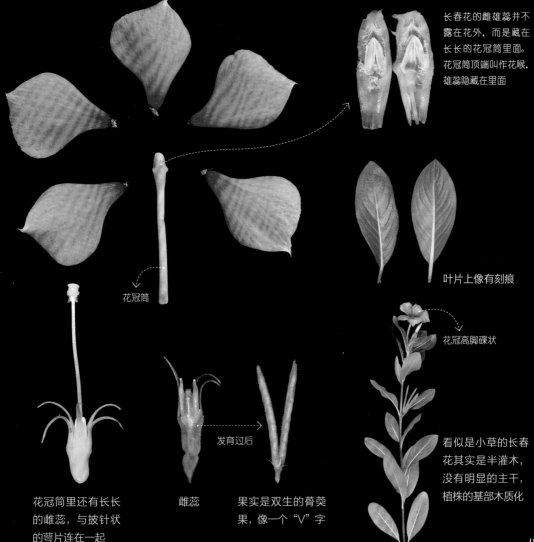

长春花的雌雄蕊并不露在花外，而是藏在长长的花冠筒里面。花冠筒顶端叫作花喉，雄蕊隐藏在里面

花冠筒

叶片上像有刻痕

花冠高脚碟状

花冠筒里还有长长的雌蕊，与披针状的萼片连在一起

雌蕊

发育过后

果实是双生的蓇葖果，像一个"V"字

看似是小草的长春花其实是半灌木，没有明显的主干，植株的基部木质化

有很多个尖尖的叶片

花开完后，苞片和花萼会把子房包裹起来

古人称木芙蓉为"三醉芙蓉"，因为它的花"朝白午桃红晚大红"，似美人三醉。其实这是因光照强度不同，引起花瓣内花青素和酸的浓度变化而产生的现象。木芙蓉最宜傍水而植，在南方的水边，经常能看到它美人初醉般的花容与脱俗的仙姿。相传蜀后主孟昶在都城成都为花蕊夫人遍植木芙蓉，"每至秋，四十里如锦绣"，成都也因而得名"蓉城"。

蒴果和种子上都有细密的茸毛

花瓣 5，基部具深粉色斑点

花苞

花萼钟形

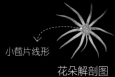

小苞片线形

像小宝塔一样的雄蕊，叫作单体雄蕊，花丝彼此联结成筒状，包围在雌蕊外面

花朵解剖图

美人三醉
朝开暮落

木芙蓉

Hibiscus mutabilis

锦葵科木槿属

落叶灌木或小乔木

花期：8~10 月

株高：2~5m

常见地：公园、庭院

花由昆虫传粉或柱
头臂弯向花药完成
自花授粉

铅笔屑般的花朵

花瓣边缘具细小的齿

石竹种源丰富，花色繁多，人们育出了许多优秀的杂交品种，成为布置花坛、花境的重要材料。石竹花瓣边缘的锯齿很像卷笔刀削出的铅笔屑，重瓣高秆的品种可以做鲜切花，人们熟知的康乃馨实际上是石竹属多种园艺品种的统称。为了防止花粉授到同一朵花上，石竹是雌雄异熟的，雄蕊先成熟，伸出花外，花粉释放完之后，雌蕊才成熟伸出。

雄蕊露出喉部外后，花药会变成蓝色

子房长圆形，花柱有两枚，有细小的茸毛，像一个小刷子

花朵解剖图

石竹因茎秆似竹、叶丛青翠、在山中多长于石间而得名

Dianthus hybridus

石竹科石竹属

多年生草本

花期：11月~次年5月

株高：20~30cm

常见地：花坛

杂交石竹

叶线状披针形，似竹叶

菊芋原产于北美，在我国广泛栽培。在看到高大的菊芋时，人们通常会想到同一个家族的成员——向日葵。菊芋的头状花序外围也有一圈无性的舌状花，中央有极多数结果实的管状花。很难想象在菊科的外表下藏着似姜却有甜味的块茎，这种块茎俗称"洋姜""鬼子姜"，可以加工制成腌菜，是不少人记忆中的美味；还可以从中提取可以治疗糖尿病的菊糖。

植株可高达 3m

叶片具离基三出脉

块茎含有丰富的淀粉，可供食用

记忆中的美味

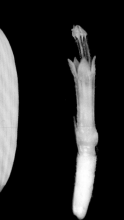

无性的舌状花

有性的管状花

雄蕊包裹着雌蕊

雌蕊柱头向外卷曲

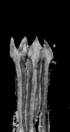

聚药雄蕊

花冠

花正面

花背面

菊_{洋姜}芋

Helianthus tuberosus

菊科向日葵属

多年生草本

花期：8~9 月

株高：1~3m

常见地：农田、庭院

马缨丹的花会不断地变色，从
黄色变成橙色，再变成红色，
昆虫会选择花蜜更多的黄色花

马缨丹

七变花／五色梅

Lantana camara

马鞭草科马缨丹属

灌木或蔓性灌木

花期：几乎全年开花

株高：1~2m

常见地：公园、庭院

马缨丹又名"七变花""五色梅"，因超长的花期、五彩的花序、多变的花色而深受欢迎。但是，如果你闻过它揉烂的叶子，大概会对其敬而远之，因为无法忘记那种强烈的刺激性气味，而牢牢记住它的另一个名字"臭草"。也正是因为马缨丹产生的一些易挥发的化学物质，会让本地植物难以适应，所以它能够成功排挤和绞杀其他物种。

缤纷五色落人间

花序自外向内开放，拆解开可以发现是符合斐波那契曲线的

花序解剖图

茎枝常被倒钩状皮刺

叶片会散发浓烈的气味

一颗颗绿珠堆成的果序，成熟后紫黑色

木樨 桂花 *Osmanthus fragrans*

木樨科木樨属

常绿乔木或灌木

花期：9~10 月

株高：3~5m

常见地：公园、庭院

独占三秋压众芳

木樨的花冠裂片总是皱皱的

木樨俗称桂花，以其浓郁的香气成为了秋日的主角。赏味木樨时，不宜凑近花朵细嗅，而应离它远一些，感受空气中弥漫的香气。木樨因树皮像犀牛皮而得名。不耐寒，在北方难以露地越冬，常用于室内盆栽。木樨开花需要经历低温春化过程，即需要经历一段时间的持续低温才能开花。由于被驯化已久，木樨被广泛用到了园林和食品中，有4个稳定遗传的品系。

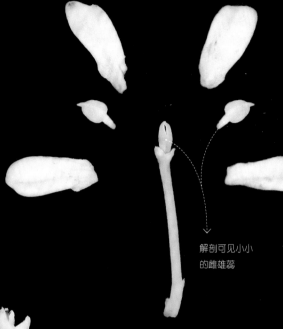

解剖可见小小的雌雄蕊

花朵解剖图

近似帚状的聚伞花序

叶片革质、无毛，折后有明显折痕

花冠管极短

椭圆形的核果，到来年三月成熟

小米似的淡黄色雄蕊，花丝极短

聚伞花序簇生于叶腋

花心常常带有橘色
的斑纹

野迎春

云南黄素馨

Jasminum mesnyi

木樨科素馨属

常绿亚灌木

花期：11月～次年8月

株高：0.5～5m

常见地：园林绿化带

装点绿枝新巧

野迎春的花呈明亮耀眼的黄色，装点在下垂的绿枝上，好似花的瀑布。尽管名字中带"迎春"，却和迎春花是两种不同的植物。在栽培的野迎春中，容易见到重瓣的个体，但这种重瓣和我们熟悉的芍药、月季的重瓣不同，野迎春像是复制了整个花冠，内层完全重复外层，而花的雌雄蕊并不减少，这种重瓣花的起源方式叫作重复起源。

不同开放程度
的花朵姿态

苞片叶状

花萼钟状，裂片5～8
枚，小叶状，披针形

花常单生叶腋，
花叶同放

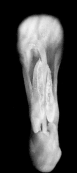

两枚雄蕊位于雌蕊
左右

雌蕊

雄蕊

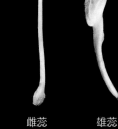

叶近革质，叶缘反
卷，侧脉不明显

花冠侧剖图：
花冠漏斗状，花蕊
位于冠筒底部

叶对生，多为
三出复叶

小枝基部具单叶

听到石蒜这个有点土气的名字，很多人可能会感到有点陌生。其实它还有两个耳熟能详的名字"曼珠沙华""彼岸花"。石蒜因先花后叶、花叶永不相见的习性，被人类赋予了很多悲情的寓意。但其实石蒜的花色艳丽、花型奇特，开花时没有叶片遮挡，观赏效果极佳，且生性强健，非常适合用于园林绿化和庭院美化。

石蒜 曼珠沙华／彼岸花

Lycoris radiata

石蒜科石蒜属

多年生草本

花期：8~9 月

株高：20~30cm

常见地：公园、阴湿山坡

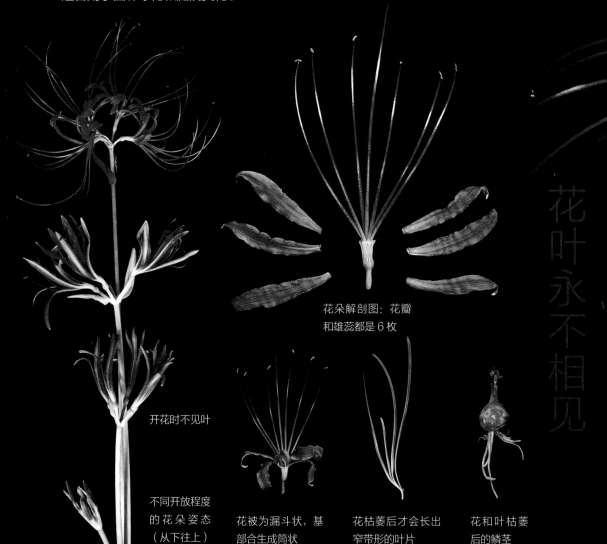

花朵解剖图：花瓣和雄蕊都是 6 枚

花叶永不相见

开花时不见叶

不同开放程度的花朵姿态（从下往上）

花被为漏斗状，基部合生成筒状

花枯萎后才会长出窄带形的叶片

花和叶枯萎后的鳞茎

伞形花序，小花
4~7朵

花被裂片强度皱缩
和反卷，雄蕊显著
伸出于花被外，比
花被长1倍左右，
形成了非常奇特的
花朵形态

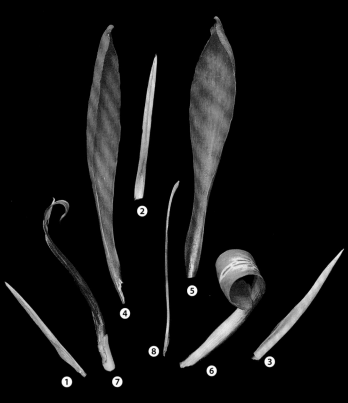

美人蕉的花里有蜜水，小时候小伙伴们都馋那一口花蜜。原产于西印度群岛和南美洲，在公元8世纪左右经印度传入我国作栽培观赏。古称"红蕉"，既是说花色为红色，又是说它的叶子很像芭蕉。"美人蕉"这个名称可追溯至南宋时期的《枫窗小牍》："广中美人蕉，大都不能过霜节……"在江南园林中，美人蕉常被布置在水池边，红花娇艳，绿叶青翠，映衬着花窗古琴，清新雅致。

❶❷❸ 是花冠裂片，披针形，不太引人注意

❹❺ 是最艳丽的部分，是外轮退化雄蕊

❻ 是卷曲披针状的唇瓣

❼ 是狭带形花柱

❽ 是针状的雄蕊

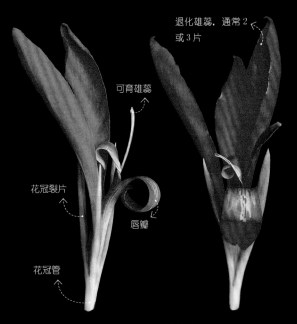

退化雄蕊，通常2或3片

可育雄蕊

花冠裂片

唇瓣

花冠管

像兰花指一样的花朵

蒴果的模样挺怪，像一个鸡头，绿色，有软刺

芭蕉叶般宽大的叶子

美人蕉 ^{蕉芋}

Canna indica

美人蕉科美人蕉属

多年生草本

花期：9~10月

株高：1.5~3m

常见地：公园、庭院

红蕉当美人

总状花序单生
或分叉，少花

每一朵小花都像是孔雀的翎毛，花序自下向上开放

中国自新石器时代就开始使用葛的纤维作为纺织原料。《韩非子·五蠹》里有"冬日麑裘，夏日葛衣"的记载。《诗经》中也有"彼采葛兮，一日不见，如三月兮"的诗句。葛遍布全国，而且全身都是宝，可入药，可供织布和造纸用，在古代应用甚广。葛的花序向上直立生长，小花自下向上开放，旗瓣上黄色的圆形斑纹像是孔雀翎毛上的眼睛。葛是一种很强势的藤本植物，常能攀缘覆盖几十平方米。

葛　野葛／葛根　*Pueraria montana* var. *lobata*

豆科葛属

多年生草质藤本

花期：9~10月

株高：长可达 8m

常见地：灌丛中、山地疏林下

青烟蔓长条
缭绕几百尺

旗瓣上有黄色硬痂状
附属体，指示花蜜所
在的地方

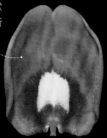

花侧面　　　花正面　　　花背面

翼瓣

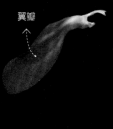

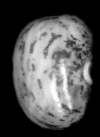

花侧剖图　　有紫色花纹的种子

龙骨瓣

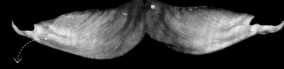

羽状复叶，具3小叶

荚果长椭圆形，里
面有很多种子

花朵解剖图

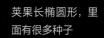

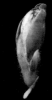

不同开放程度的花朵姿态

荚果上全是褐色的
长硬毛

201

如何观察身边的花：有

冬之花

Winter Flower

在萧瑟的冬季，似乎一切生命都在蛰伏着，喜爱植物的人们也只能等待。但还有几种"反其道而行之"的植物，偏要与寒冷斗一斗，蜡梅就是其中之一。蜡梅的常见品种有素心蜡梅、磬口蜡梅、狗蝇蜡梅、虎蹄纹蜡梅、金钟蜡梅等。其中，狗蝇蜡梅最不受古人待见，被列为下品，我却很喜欢它，因为相较于其他黄色的蜡梅，狗蝇蜡梅内层紫红色的花瓣给人以耳目一新的感觉。我很想为它鸣不平，怎么花还分个三六九等呢？

冬季里开放的花朵为饥肠辘辘的昆虫提供了难得的食物，在晴好的冬日，昆虫们闻香而来，每一朵花都不会被昆虫错过。

或许你已经发现了，植物不仅仅是满足观赏、食用、药用等"实用价值"的存在，我们在观察中得到的精神上的享受和情感上的共鸣也是非常重要的。此时，你已经与许许多多精彩的生命相遇且熟知了。大自然有没有将一种特殊的情感传递给你，引得你对这个生生不息的世界充满好奇和爱呢？

八方来财

像仙女棒烟花一样的
伞形花序，每一朵小
花像星星一样绽放

花序

伞形花序组成顶生
圆锥花序

很多植物的花蜜藏
在花朵的深处，但
八角金盘的花蜜明
晃晃地挂在浅肉色
的花盘外头，成为
严冬里饥饿昆虫的
大餐

手树

八角金盘

Fatsia japonica

五加科八角金盘属

灌木

花期：10~11 月

株高：2~5m

常见地：园林绿化带

八角金盘因其掌状叶约8深裂、看似有8个角而名。但其实八角金盘的叶是7~9裂。它的叶丛四季油亮青翠，又十分耐阴，是在城市园林中应用十分成功的植物。它有严格的异花传粉机制，雄蕊比花柱更长，当花瓣脱落之后，柱头才会迅速伸长并且超过雄蕊。雄蕊和雌蕊在时间的差异下，便只能和另一朵花相亲相爱，增加后代在基因上的差异性，以便获得"进化"的神秘力量。

果序

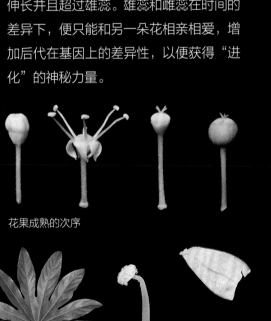

花果成熟的次序

巨大的叶片　　　雄蕊

花朵解剖图

茶梅因叶似山茶、花似梅花而得名。茶梅的花色为鲜艳的玫红色，在百花凋零的冬季绽放，成为冬天里一抹靓丽的色彩。茶梅原产于日本，我国自宋代已普遍栽培，古称"海红"，如今品种繁多。它层层叠叠的花瓣簇拥着金黄色花蕊，既有山茶的色，又有梅花的香。但茶梅和山茶是两个不同的物种，它不像山茶一般花整朵掉落，而是一片片掉落，留下遍地残芳。

茶梅 海红

Camellia sasanqua

山茶科山茶属

小乔木

花期：11 月～次年 3 月

株高：0.5~3m

常见地：公园、庭院

早知岁一寒

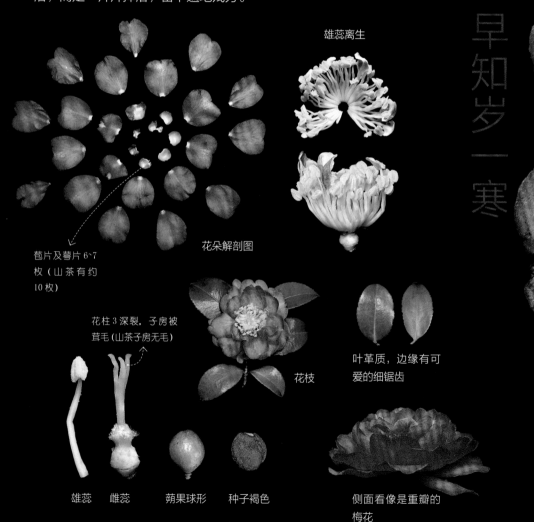

雄蕊离生

花朵解剖图

苞片及萼片 6~7 枚（山茶有约 10 枚）

花柱 3 深裂，子房被茸毛（山茶子房无毛）

雄蕊　雌蕊　蒴果球形　种子褐色

花枝

叶革质，边缘有可爱的细锯齿

侧面看像是重瓣的梅花

花正面

蜡梅

Chimonanthus praecox

蜡梅科蜡梅属

落叶小乔木或灌木

花期：11 月～次年 3 月

株高：2~4m

常见地：公园、庭院

金蓓锁春寒

果托里咖啡
色的果实

木质化的果托，
像蟑螂的卵鞘

花苞

叶子纸质，可以像
纸一样揉搓

雄蕊群：雄蕊 5~7
个，围绕着雌蕊

雄蕊

雌蕊像一个蜡烛

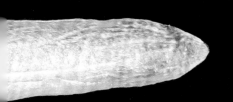

花朵解剖图：花被片
有很多形态，内层是
紫红色，由小变大再
变小

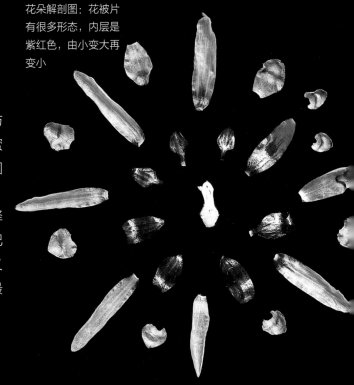

古时称蜡梅为寒客，它并非梅类，但因与
梅同放，香味近似梅，颜色和质地似蜜
蜡，故得此名。蜡梅原产于中国，在我国
栽培历史悠久，品种繁多，有素心蜡梅、
磬口蜡梅、狗蝇蜡梅等。本书图中选择
的是内层花瓣紫红色的狗蝇蜡梅。古人把
狗蝇蜡梅列为最下品，因为它花小香气又
淡，但因为其最易于栽种，如今已成为最
常见的品种。

花色多样

冬日里的
五彩精灵

冬日里开花的植物不多，角堇无疑是其中精灵般的存在。它的花瓣圆圆的，花型如同可爱的小兔子，深受人们喜爱，被培育出了令人眼花缭乱的花色，但不变的是花冠中间有一些像胡须的斑纹。角堇的开花时间非常长，花量大，耐寒性也很强，能从当年的秋季一直开到来年的5月份，哪怕是枝头被盖了一层雪，也能继续开花。

角堇

Viola cornuta

堇菜科堇菜属

多年生草本

花期：11月～次年5月

株高：10~20cm

常见地：花坛、庭院

花丝极短，花药环　　　雌蕊
生于雌蕊周围

地上茎短，花梗从
叶腋抽生而出

椭圆形的蒴果里面
装满饱满的种子，
成熟后会裂开，果
瓣向外弯曲将种子
弹射出去

叶长卵形，先端钝
圆，边缘具缺刻

花朵解剖图

阔叶十大功劳

Mahonia bealei

小檗科十大功劳属

灌木或小乔木

花期：9月～次年3月

株高：0.5~4m

常见地：园林绿化带

雄蕊基部与花瓣黏合在一起

直立的总状花序，像是一串葡萄

雌蕊

像有熊耳朵的雄蕊

花朵侧剖图

果实成熟后会变为深蓝色，覆有白粉

具4~10对小叶

小叶厚革质，又硬又直

阔叶十大功劳名字中的"十"为虚指，因其全株都可入药，能够治疗多种疾病，功效颇多，故而得名。阔叶十大功劳终年常绿，又很耐阴，很适合做大树下的绿化植物。叶片厚革质，边缘具粗锯齿，凑近观赏时要注意避免被刺伤。在贫瘠的冬日，明晃晃的黄色花朵成为了蜂类常常造访的地方。

劳苦功高

花朵小巧，并不完
全张开

大风起兮明黄生

头状花序辐射状，分为舌状花和管状花，舌状花颜色鲜艳，负责引诱昆虫前来为管状花采蜜授粉，管状花则负责繁殖后代

不同开放程度的花朵姿态

大吴风草

独脚莲

Farfugium japonicum

菊科大吴风草属

多年生草本

花期：8月～次年3月

株高：30~70cm

常见地：公园、庭院

大吴风草拥有惹人眼亮的明黄色花朵，总是在一片萧索的深秋里成片开放，花葶高可达70厘米，像许多金黄色的火炬。叶全部基生，莲座状，有长柄，叶片圆圆的，很像睡莲的叶子，所以又名"独脚莲"。大吴风草原产于我国和日本，它耐寒性较强，病虫害少，很早就被作为观赏植物种植于花园中。

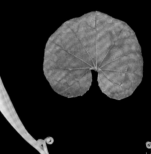

花朵侧面图

叶基生，花葶高可达 70cm

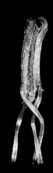

叶肾形

管状花的雌蕊分叉，像是悟空头上的金箍

花药交缠合生，花丝分离，称为聚药雄蕊

舌状花，花上部呈扁平舌状，下部联合成筒状

管状花，花冠联合成管状，边缘常5裂